★ 2019 年度国家科技进步奖一等奖 ★

制浆造纸清洁生产与水污染全过程控制关键技术及产业化

获奖纪实

华南理工大学植物纤维材料科学研究中心　编

华南理工大学出版社
SOUTH CHINA UNIVERSITY OF TECHNOLOGY PRESS
·广州·

图书在版编目（CIP）数据

制浆造纸清洁生产与水污染全过程控制关键技术及产业化获奖纪实 / 华南理工大学植物纤维材料科学研究中心编. —广州：华南理工大学出版社，2020.12

ISBN 978-7-5623-6596-9

Ⅰ. ①制…　Ⅱ. ①华…　Ⅲ. ①制浆造纸工业－无污染技术　Ⅳ. ① TS7

中国版本图书馆 CIP 数据核字（2020）第 246557 号

ZHIJIANG ZAOZHI QINGJIE SHENGCHAN YU SHUIWURAN QUANGUOCHENG KONGZHI GUANJIAN JISHU JI CHANYEHUA HUOJIANG JISHI

制浆造纸清洁生产与水污染全过程控制关键技术及产业化获奖纪实

华南理工大学植物纤维材料科学研究中心　编

出 版 人： 卢家明

出版发行： 华南理工大学出版社
（广州五山华南理工大学 17 号楼，邮编 510640）
http: //www.scutpress.com.cn　E-mail：scutc13@scut.edu.cn
营销部电话：020-87113487　87111048（传真）

责任编辑： 刘　锋　唐燕池

责任校对： 刘惠林

印 刷 者： 广州市新怡印务股份有限公司

开　　本： 787mm×1092mm　1/16　**印张：** 13.25　**字数：** 273 千

版　　次： 2020 年 12 月第 1 版　2020 年 12 月第 1 次印刷

定　　价： 128.00 元

献给

为我国制浆造纸发展而努力奋斗的科技工作者.

陈克复

本书全部内容

由陈克复院士和李金鹏审校

编 委 会

目录 CONTENTS

1

第一部分

获奖

2020年1月10日
国家科技奖励大会在北京召开

1月10日，中共中央、国务院在北京隆重举行国家科学技术奖励大会。（新华社记者　刘彬　摄）

国家科学技术奖励大会上与会代表聆听国家领导人讲话。（新华社记者 申宏　摄）

新华社北京1月10日电　中共中央、国务院10日上午在北京隆重举行国家科学技术奖励大会。习近平、李克强、王沪宁、韩正等党和国家领导人出席大会并为获奖代表颁奖。李克强代表党中央、国务院在大会上讲话。韩正主持大会。

上午10时30分，大会在雄壮的国歌声中开始。在热烈的掌声中，中共中央总书记、国家主席、中央军委主席习近平首先向获得2019年度国家最高科学技术奖的原中国船舶重工集团公司第七一九研究所黄旭华院士和中国科学院大气物理研究所曾庆存院士颁发奖章、证书，同他们热情握手表示祝贺，并请他们到主席台就座。随后，习近平等党和国家领导人同两位最高奖获得者一道，为获得国家自然科学奖、国家技术发明奖、国家科学技术进步奖和中华人民共和国国际科学技术合作奖的代表颁发证书。

“制浆造纸清洁生产与水污染全过程控制关键技术及产业化”项目获国家科技进步奖一等奖

1月10日，陈克复院士（图中首排从左至右第四位）参加中共中央、国务院在北京隆重举行的国家科学技术奖励大会。

以陈克复院士为第一完成人，华南理工大学为第一完成单位的“制浆造纸清洁生产与水污染全过程控制关键技术及产业化”项目获得国家科技进步奖一等奖。在1月10日的国家科学技术大会上，陈克复院士受到习近平等党和国家领导人的接见，并被授予国家科技进步奖一等奖证书。

1月10日，陈克复院士和华南理工大学高松校长（左二）、李军教授（右一）与徐峻教授（左一）在国家科学技术奖励大会现场合影（左图）。陈克复院士与完成单位代表在国家科学技术奖励大会现场合影（下图）。

根据《国家科学技术奖励条例》的规定，经国家科学技术奖励评审委员会评审，国家科学技术奖励委员会审定和科技部审核，国务院批准并报请国家主席习近平签署，授予黄旭华院士、曾庆存院士国家最高科学技术奖；国务院批准，2019年度国家自然科学奖授奖项目46项，其中：一等奖1项，二等奖45项；国家技术发明奖授奖项目65项，其中：一等奖3项（通用项目1项，专用项目2项），二等奖62项（通用项目46项，专用项目16项）；国家科学技术进步奖授奖项目185项，其中：特等奖3项（通用项目2项，专用项目1项），一等奖22项（通用项目12项，专用项目9项，创新团队1项），二等奖160项（通用项目131项，专用项目29项）；授予10名外籍专家中华人民共和国国际科学技术合作奖。

陈克复院士与山东太阳纸业总工程师应广东先生合影

项目主要完成单位

华南理工大学
山东太阳纸业股份有限公司
山东华泰纸业股份有限公司
齐鲁工业大学

项目主要完成人名单

陈克复（华南理工大学）
应广东（山东太阳纸业股份有限公司）
徐　峻（华南理工大学）
张凤山（山东华泰纸业股份有限公司）
李　军（华南理工大学）
曹衍军（山东太阳纸业股份有限公司）
乔　军（山东太阳纸业股份有限公司）
李晓亮（山东华泰纸业股份有限公司）
莫立焕（华南理工大学）
安庆臣（山东太阳纸业股份有限公司）
冯郁成（华南理工大学）
曾劲松（华南理工大学）
周景蓬（山东华泰纸业股份有限公司）
张　伟（山东太阳纸业股份有限公司）
韩文佳（齐鲁工业大学）

荣获2019年度国家科学技术进步奖一等奖的项目“制浆造纸清洁生产与水污染全过程控制关键技术及产业化”不但是华南理工大学首次获得国家科技奖励一等奖，同时也实现了广东省内高校牵头获得国家科技奖励一等奖零的突破。

（第一部分内容由徐峻、李金鹏汇编）

2

第二部分

荣誉

习近平等党和国家领导人接见

人民日报
RENMIN RIBAO

2020年1月
11

习近平将对缅甸进行国事访问

中共中央国务院隆重举行国家科学技术奖励大会

习近平出席大会并为最高奖获得者等颁奖

李克强讲话 王沪宁出席 韩正主持

把学习贯彻党的创新理论作为思想武装重中之重

——论学习贯彻习近平总书记在主题教育总结大会上重要讲话

习近平《在"不忘初心、牢记使命"主题教育总结大会上的讲话》单行本出版

全国政协召开网络议政远程协商会

围绕"加强大数据时代个人信息保护"协商议政 汪洋主持

陈克复院士（图中首排从左至右第6位）受到党和国家领导人的接见并合影留念

陈克复院士应邀赴北京参加党和国家2020年春节团拜会

2020 年春节团拜会邀请函

陈克复院士应邀参加中共中央、国务院2020年春节团拜会（1月23日上午10点）的邀请函。

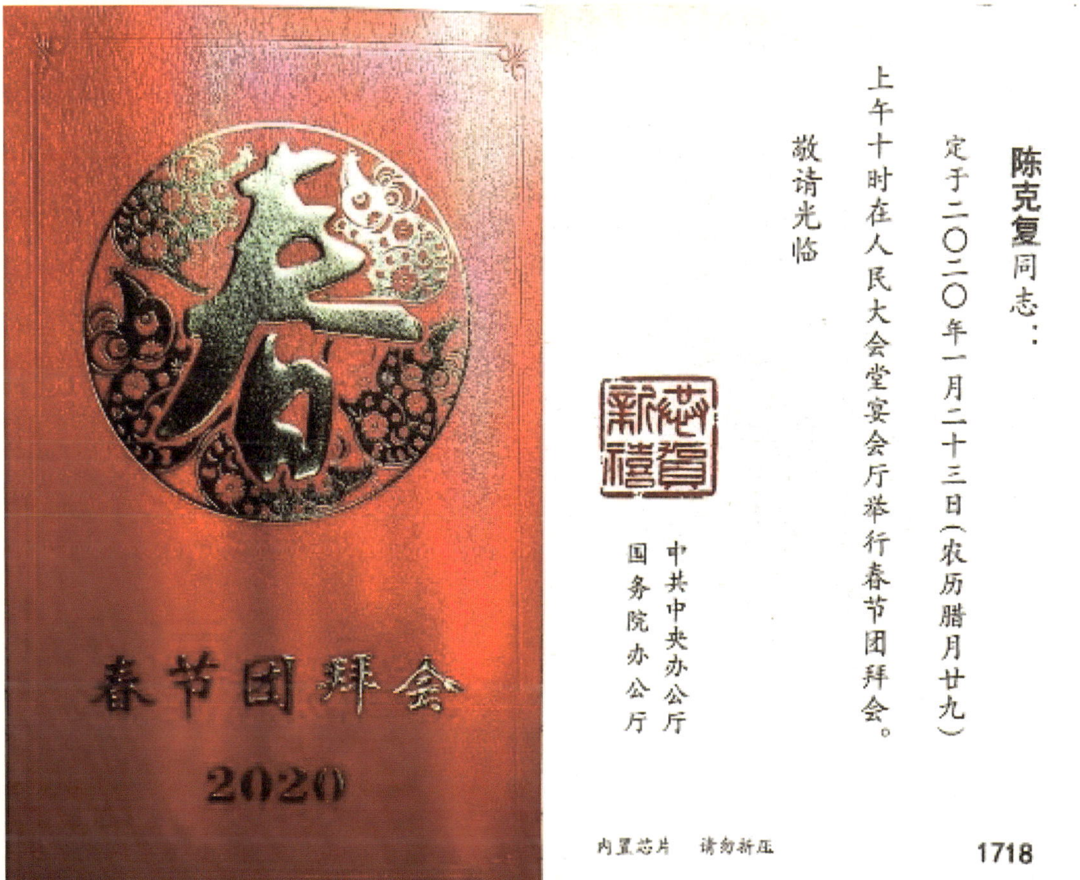

陈克复同志：

定于二〇二〇年一月二十三日（农历腊月廿九）上午十时在人民大会堂宴会厅举行春节团拜会。

敬请光临

恭贺新禧

中共中央办公厅
国务院办公厅

内置芯片　请勿折压　1718

2020年春节团拜会邀请函

2020年春节团拜会合影留念

陈克复院士应邀参加中共中央、国务院2020年春节团拜会时与其他受邀嘉宾合影留念。

陈克复院士与参会代表在2020年春节团拜会现场留念

省委省政府有关领导向陈克复院士表示祝贺

2020年5月29日上午，广东庆祝“全国科技工作者日”暨表彰先进大会召开，广东省委常委、统战部部长黄宁生代表省委省政府慰问陈克复院士，并向陈克复院士表示祝贺。

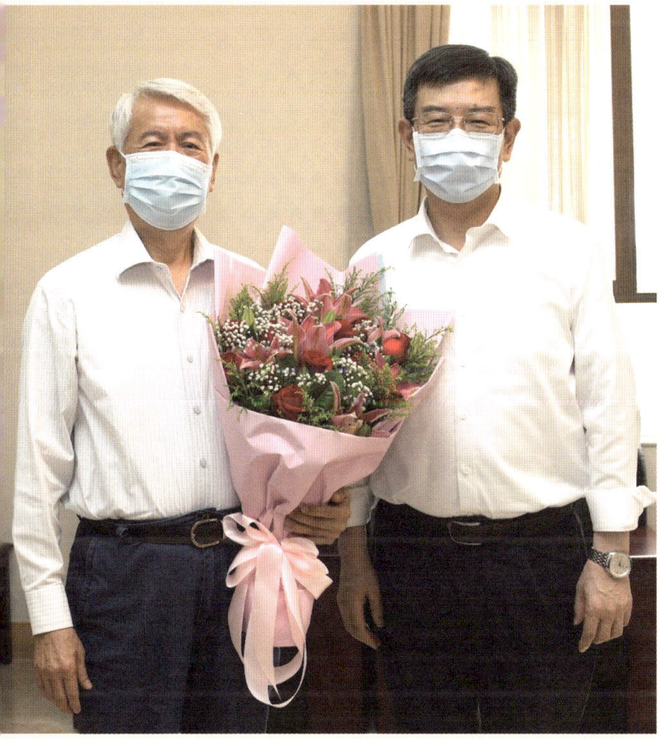

广东省委常委、统战部部长黄宁生代表省委省政府慰问陈克复院士

华南理工大学学校新闻报道

陈克复院士与团队成员合影

新突破！陈克复院士团队荣获国家科技进步奖一等奖

1月10日上午，中共中央、国务院在北京隆重举行国家科学技术奖励大会。以华南理工大学为第一完成单位，制浆造纸工程国家重点实验室陈克复院士为第一完成人的项目——“制浆造纸清洁生产与水污染全过程控制关键技术及产业化”，获得2019年度国家科技进步奖一等奖，实现了广东省内高等学校牵头获得国家科学技术奖励一等奖零的突破。

热烈祝贺！
陈克复院士团队
荣获国家科技进步一等奖

多项技术达到国际领先水平

造纸是我国重要的基础原材料产业，2011年年产量近1亿吨，位居世界第一。但是，造纸行业水污染仍然严重，废水和COD（化学需氧量）排放量分别占全国工业排放总量的1/5和1/4。

2011年，国家连续四次发文，明确提出重点整治造纸等行业，严控废水和COD的排放量。解决造纸行业水污染问题迫在眉睫。本着对社会、对行业高度负责的态度，陈克复院士团队与太阳纸业集团公司和华泰纸业集团公司紧密合作，组建产学研科技创新团队，按照国家战略需求，为企业和社会解决实际问题。他们十年磨一剑，反复攻克科研难关，成功研发了覆盖制浆造纸所有工艺过程的清洁生产和水污染控制10项关键技术和11项支撑技术，并形成了5方面的科技创新集成技术。

陈克复院士与团队成员在实验室

陈克复院士在实验室指导科研工作

“我们的科研理念就是尽可能让资源全利用，将清洁生产和末端治理结合起来。”陈克复院士介绍，创新团队的技术革新在国际上达到领先水平，不少创新成果还是世界第一。

针对COD浓度高、污染负荷重、常规处理方式难以达标的问题，创新团队创新性地将机械蒸汽再压缩蒸发技术应用于化学机械法制浆废水的预蒸发，再结合多效蒸发器进一步浓缩后送碱回收系统处理，实现水污染物的资源化利用。

化学法制浆原料利用率低、污染大，如何实现原料组分全利用、减少污染是造纸专业领域最受关注的技术难题。创新团队通过无数次试验，研发连续水解蒸煮技术和氧脱协同深度脱木素技术，创新性地解决了这个难题，污染负荷大幅降低，COD削减30%以上。

废纸制浆过程中，传统使用的碱性脱墨技术是导致污染负荷严重的主要环节。创新团队研发了近中性脱墨技术和造纸废水梯级循环回用技术，使制浆水重复利用率大于95%，造纸水重复利用率大于90%，既节约用水，又减排废水。

摘掉造纸业“排污大户”的帽子

社会上对造纸的刻板印象不少，比如“少用一张纸，少砍一棵树”这类公益广告，虽然初衷是好的，但是对造纸行业的认知仍然存在误区。陈克复说，事实上，我国造纸业采用废纸回收制浆的比例已经达到65%以上，还有10%的制浆原料采用芦苇、竹子、甘蔗渣、麦草等废弃纤维作为代替品，最大限度地保护林木资源。

1966年8月从复旦大学力学专业毕业后，陈克复下过部队农场劳动，到过造纸厂跟班学习，1971年来到天津轻工业学院任教并开始进修制浆造纸专业，师从我国著名造纸专家隆言泉教授。隆教授多次提到，国内的造纸行业存在着污染环境和设备落后这两个阻碍发展的问题，期待下一代人可以解决。拳拳话语成为陈克复踏上造纸科研道路的原动力。

“现在我可以自信地说，绿色造纸在我们这代人手中基本实现了！”陈克复兴奋地说。去年他陪同专家到项目合作企业山东太阳纸业考察时，大家就惊奇地发现，废水处理后的排水口水质清澈，芦苇丛生，附近甚至成为当地的一个旅游景点，很多新人在那里拍摄婚纱照。

如今，项目创新团队研发的集成技术已经在山东、广西、河南、河北等地10多家大中型制浆造纸生产企业如山东太阳纸业、山东华泰纸业等应用。与此同时，所研发的技术已经全部被选入生态环境部发布的《制浆造纸工业污染防治可行技术指南》，作为行业推荐的先进技术在全国范围内推广。陈克复说，我们的技术不设壁垒，欢迎行业内其他企业来共享技术成果。通过全行业共同行动，造纸行业才能摘掉“排污大户”的帽子，真正实现绿色发展。

（图/许颖　文/科学技术处　卢庆雷　《南方+》）

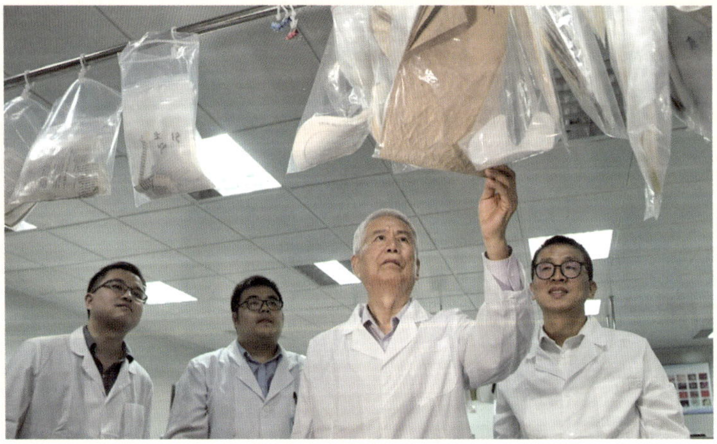

（第二部分内容由徐峻、李金鹏汇编）

3

第三部分

接受采访

《中央电视台》采访

造纸术是我国古代四大发明之一。时至今日，纸制品已经深入人们生产生活的方方面面。减少水污染，一直是国内外造纸行业面临的共同难题。下面我们一起走进另一个国家科技进步奖一等奖项目，它凝聚了科研人员10年心血，突破了10项关键技术，让我国造纸清洁生产技术达到国际领先水平。

获得2019年度国家科技进步奖一等奖的“制浆造纸清洁生产与水污染全过程控制关键技术及产业化”项目，2010年它的启动，与我国造纸业一组矛盾冲突巨大的数字息息相关。这

CCTV13新闻频道报道陈克复院士等荣获2019年国家科技进步奖一等奖事迹

中央电视台《朝闻天下》栏目对陈克复院士荣获2019年国家科技进步奖一等奖事迹进行报道

一年，我国造纸产量接近1亿吨，占全球的1/4，位居世界第一，而造纸工业废水和COD排放量却分别占全国所有工业废水和COD排放总量的1/5和1/4，同样高居榜首。项目十多项成果覆盖了我国造纸行业的主要工艺，已在山东、广西、河南、河北等地推广应用，环保指标甚至优于欧盟标准。在科技创新团队的领军人陈克复院士看来，获奖项目更重要的意义在于彻底扭转了我国造纸污水只集中在末端处理的老观念、老方法，转变成全程清洁生产，为从根本上减少造纸水污染提供了成功示范。清洁造纸，撬动一个行业的升级转型。

中国工程院院士、华南理工大学教授陈克复：“为这个课题工作的有上百人，减少水污染是急需解决的一个问题，在这个条件下我们就开始干起来。”

山东微山湖一带是南水北调的必经之地，也是大企业云集之地。作为我国造纸行业的第一位院士，在广州执教的陈克复跨越大半个中国，最终将“实验室”搬到了这里。持续考察每一种造纸工艺后才发现，以往认为化学机械法制浆不会产生大量污水，但实际上污染程度反而很重。面对意外的结论，科技创新团队萌生“蒸发处理回用”的大胆想法，此前从未有人做过这种尝试。经过多年的探索，创新团队意外寻找到一种机械蒸汽再压缩蒸发设备，此前这种设备只在其他行业中使用。

中国工程院院士、华南理工大学教授陈克复：“在这之前，造纸行业没有一个企业用

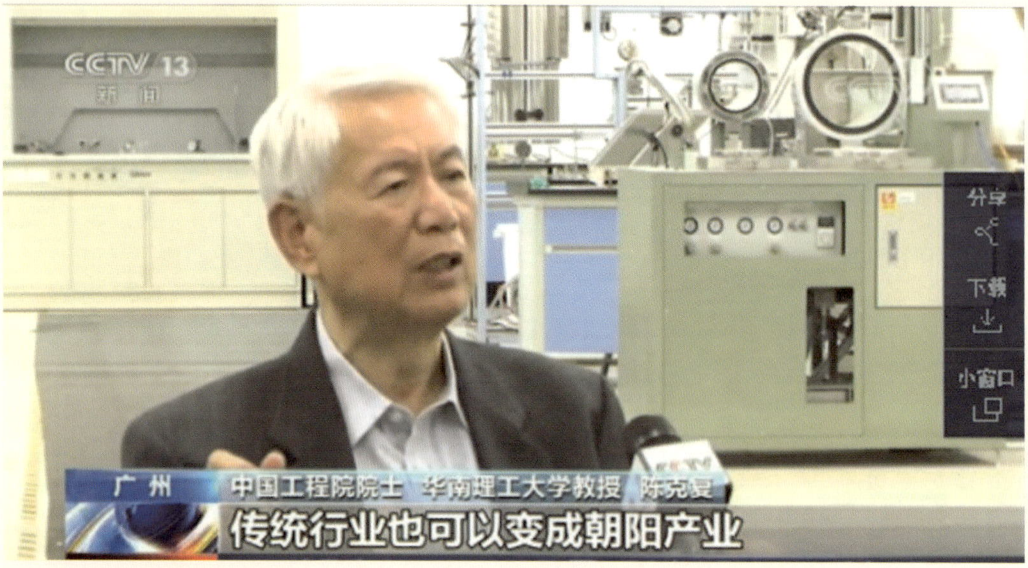

陈克复院士接收央视记者采访

过这个设备。”

然而，想不到的是，用这个设备对造纸废水进行蒸发处理时，最长15天，内壁就结满了碳化物污垢，必须停工除垢。污垢来源是什么？含量有多少？其中存在一系列问题。创新团队研发了二次蒸汽净化技术，废水纤维高效分离技术及复合除垢技术，使这个设备每次使用周期能达到40天以上，提高了3倍。一台这样的蒸发器设备可以管年产10万吨的这种生产线产生的废水处理。

据介绍，这仅仅是获奖项目10项核心技术之一。目前，十多项成果覆盖了我国造纸行业的主要工艺，已在山东、广西、河南、河北等地推广应用，环保指标甚至优于欧盟标准。

中国工程院院士、华南理工大学教授陈克复：“获奖不是终点，我们造纸行业学问还多得很。应用了一流技术，传统行业确实可以变成朝阳行业。”

《中国纸业网》采访

在陈克复院士等获得了 2019 年度国家科技进步奖一等奖之后，《中国纸业网》记者采访了陈克复院士。

陈克复院士接受《中国纸业网》的采访

▶陈克复院士和他的“造纸梦”

他培养的60多名博士都成长为造纸科技领域的优秀科技人才，他的团队已拥有40多项发明专利，大部分已实现了工程化。他负责的“十一五”国家科技支撑重点项目、“十二五”国家科技重大专项重点项目及产业化示范工程，以企业为主，建立了产学研用科技平台，均取得了优异的成果，实现了我国制浆造纸节能减排的跨越式发展，清洁生产技术达到国际领先水平，装备技术进入先进行列，他就是我国造纸行业的第一位中国工程院院士、华南理工大学教授陈克复。

近日，《中国纸业网》记者有幸对陈克复教授进行了采访。陈克复教授长期从事制浆造纸工程和环境工程科研与教学工作，为中国造纸工业的发展做出了突出贡献。交谈中，对于我国造纸工业的未来，陈克复教授也表达了他的想法。

剖析造纸行业节能减排的三个阶段

陈克复教授出生于广东省海丰县，1966年毕业于上海复旦大学力学专业。谈及自己的名字，陈克复笑道："1942年日本侵占广东及香港，我在这极端困难的时候出生，父亲就希望自己的儿子将来能克服一切艰难困苦，克服人生道路上的种种障碍，成为一个有出息的人，就给我起名'克服'。"1961年，陈克复教授以优异的成绩考取复旦大学，高中老师高兴之余，建议他把名字从"克服"改成"克复"，意思是他们的中学第一次有学生考上复旦大学。"后来，我来到天津轻工业学院（现天津科技大学）任教并开始进修制浆造纸专业，师从造纸著名专家隆言泉先生。记得当时隆言泉先生多次向我提出，我国造纸行业存在两大阻碍发展的问题，就是造纸对环境的污染和装备的落后，他希望能在我们这代人手中得以解决，解决我国造纸行业的'污染'和'落后'就成为我此后的奋斗目标。"

"我们可以把造纸行业的节能减排分为三个阶段。"陈克复告诉记者：

陈克复院士接受《中国纸业网》记者的采访

“第一阶段是从20世纪80年代开始至90年代末。制浆造纸行业废水严重污染水环境。由于当时河南地区众多的小纸浆厂废水未经处理直接排入淮河，1994年就发生了震惊中外的淮河流域水污染事件。这一事件引起了中央的高度重视，全国‘谈纸色变’，造纸行业被戴上‘造纸就是污染’的帽子，但也激发了造纸行业一定要解决对环境污染的决心和信心。1996年华南理工大学成立造纸与环境工程学院，由我担任院长。经过造纸行业一系列的努力，到90年代末，就基本解决了对淮河等流域的污染问题。2001年，国家颁布了造纸行业GB 3544—2001排放标准，对废水和COD的排放量实行了限制。

“第二阶段是2001年至2010年。2009年国家颁布了更加严格的GB 3544—2008排放标准，分两阶段逐步把废水和COD排放限值提升到国际先进水平，废水的排放限值为50m^3/t，废水中COD排放限值为100mg/L。到2011年，十年之间，我国纸和纸板产量提高了2.7倍，而废水与COD排放总量却都降低了。尽管如此，造纸行业废水和COD排放量仍为各行业之首。在国家的支持下，在行业的努力下，先进造纸企业采取了减少制浆过程污染源的废水排放和末端处理相结合的措施，后来我们把这一创新理念称为‘全过程水污染控制模式’。山东太阳纸业、山东华泰纸业等大企业都实施了这种水污染控制模式，其水污染物排

制浆造纸工程国家重点实验室（华南理工大学）

放指标已达到国际领先水平。目前，我国先进的造纸企业废水及COD排放都已达到基本不对环境造成污染的水平。同时，为响应中央绿色发展的号召，造纸行业也在积极践行绿色发展、绿色制造。由此可以看出，造纸行业对水污染控制技术已逐步完善，实现了对环境友好。”陈克复欣慰地告诉记者。

实现我国造纸机装备技术的跨越式发展

“再说说造纸装备。2007年，我向科技部提出科技支撑课题‘国产高速造纸机的研制’，并联合几家造纸企业及研究单位共同研发。以企业创新为主，在2012年实现了国产高速造纸机零的突破，通过了科技部的验收。原来国产造纸机的运行车速最高每分钟700～800米，而国产高速造纸机运行车速达到每分钟1400米，提高了近两倍。后来，行业不断推广高速造纸机技术，改造了部分造纸机。可以说，隆言泉先生生前所交代的解决设备落后的任务，我们也进行了不懈的努力。”谈及此处，陈克复深有感触：“从国产高速造纸机的研制过程可以看出，国家提出要以企业创新为主是无比正确的。”陈克复表示，目前我国造纸行业人员正在努力要让造纸行业做到与环境友好，造纸装备逐步实现智能化，真正实现造纸行业的可持续发展，而且纸业人有信心实现这一目标。

造纸行业需要继续走节能减排道路

关于造纸行业如何继续发展，陈克复提出如下看法：“首先，造纸行业还需要继续走节能减排道路。蔡伦发明造纸术至今已有近2000年的历史。现在技术发展了，装备先进了，但是整个工艺流程基本没有改变。当时蔡伦将纤维原料做成纸页，据《中国古代造纸工程技术史》（山西教育出版社2005年12月版）叙述，造纸需通过沤洗、切剉、浆灰、煮料、漂洗、舂捣、打槽加纸药、抄纸、干燥等九个步骤，包含了化学工程和物理过程，与今日机械化、自动化的生产过程基本一致。陈克复表示，“为不断推动行业发展，一是要严格执行国家标准继续节能减排；二是要实现原料全使用，资源全利用，采用生物质精炼处理手段；三是要推动特种纸的应用。据调查统计，我国纸和纸板对其他行业产值的贡献率为1.5%～5%，真正实现纸和纸板是各行各业重要的基础原材料。”

造纸行业的健康发展需要全行业的共同奋斗。“造纸行业将会继续发展，走上可持续发展的道路。希望广大造纸行业同仁不断努力，为行业保驾护航。我坚信造纸的未来将不仅局限于文化用纸、包装用纸、生活用纸等，它将会成为其他行业发展不可缺少的一部分，为国家的高新技术行业做出贡献。”在采访的最后，陈克复说出了他的造纸梦。

《造纸信息》采访

《造纸信息》记者对2019年度国家科学技术进步奖一等奖获得者陈克复院士进行专访。

《造纸信息》记者： 陈院士您好！首先，祝贺您作为第一完成人的项目荣获2019年度国家科学技术进步奖一等奖，成为全国仅有的12个科技进步奖一等奖（通用项目）之一。请您介绍一下项目的主要研究背景、成果及对行业发展带来的重要意义。

化机浆示范生产线

陈克复院士：造纸行业是我国重要的基础原材料产业，为国民经济发展和人民生活水平的提高做出了重要贡献。然而，在造纸工业高速发展的同时，污染问题伴随而生，对水环境造成了较为严重的危害。在2011年，造纸行业废水排放总量38.3亿吨，CODCr排放总量74.2万吨，分别约占全国工业排放总量的1/5和1/4，仍高居各工业行业之首。这也是社会对造纸行业认可度低、印象不佳的原因。一说起造纸，就是污染，这对行业可持续发展是极为不利的。

节水减排、减少水污染是造纸行业面临的共同难题和持续努力的方向。为了遏制并全面解决造纸行业的水污染，国家不仅出台了严格的《制浆造纸工业水污染物排放标准》，而且连续发文，要求专项整治造纸等重点排污行业。在国家水体污染控制与治理科技重大专项、工业和信息化部清洁生产专项等支持下，华南

废纸脱墨制浆示范生产线

化学法制浆示范生产线

理工大学与山东太阳纸业股份有限公司、山东华泰纸业股份有限公司共同组成产学研用科技创新团队，研发了覆盖造纸行业化学机械法制浆、化学法制浆、废纸制浆和造纸等所有主要工艺过程的清洁生产与水污染控制技术，在现代化大型生产线实施产业化及推广应用，获授权发明专利30件，发表SCI论文36篇，出版专著3部，产生显著的经济效益和环境社会效益。

本项目构建了清洁生产与末端废水治理相结合的水污染全过程控制新模式，使我国制浆造纸清洁生产技术达到国际领先水平，成果被列入国家水专项标志性成果，为造纸行业新旧动能转换和绿色制造提供了示范。

《造纸信息》记者：在获奖项目技术攻关过程中，研发团队遇到的最棘手的问题及难点是什么？

陈克复院士：项目从研发到应用、到产业化，是一个极其复杂的过程，存在许多不确定因素。技术过硬是一方面，企业全力支持也尤为重要。不仅需要领导重视、而且需要从上到下各级技术人才的通力配合，真正把产学研合作落到实处，才能实现技术的落地，创造价值。在本次获奖项目的技术攻关中，我们遇到的最棘手的问题及难点就是造纸生产流程废水排放点多，循环水回用路线复杂，每一项技术的实施改进都涉及多个工序，因此，需要研发团队和生产团队紧密协作，在每次实施前都进行周密部署，拿出最优方案，尽量减少对产品产量的影响，而且要在降低成本、提高产品质量方面下功夫。

《造纸信息》记者：请您具体介绍一下项目的推广应用情况以及应用后带来了哪些环境、经济与社会效益？并结合项目的研究成果，具体介绍一下项目技术与其他现行技术相比具有的优势是什么？

陈克复院士：本项目所研发的制浆造纸清洁生产与水污染全过程控制技术，已在山东太阳纸业股份有限公司、山东华泰纸业股份有限公司等10家大中型造纸企业的制浆造纸生产线上及末端废水处理中应用，目前又推广应用到山东、广西、河南、河北等地的制浆造纸企业。除此之外，项目技术已全部被选入生态环境部发布的《HJ 2302—2018制浆造纸工业污染防治可行技术指南》，作为行业推荐的先进技术在全国范围内推广。

以华泰纸业的废纸脱墨制浆造纸为例。废纸脱墨制浆废水主要来源于制浆工段废纸碎浆、洗筛、浮选脱墨、漂白等工序，以及抄纸过程产生的白水。废水污染物除细小纤维、填料以外，更重要的危害性物质为油墨和可溶性胶黏物（DCS）。常规方法都是使用碱性脱墨，虽然脱墨效果好，但是纤维损伤大且易发生碱性发黑，后续药剂消耗高，污染负荷重，废水CODCr浓度达4000mg/L以上；另外，废水中细小纤维和DCS浓度高，限制了水循环回用。如何解决？一是研发了高浓碎浆和近中性脱墨技术，实现碎浆过程油墨和纤维的高效分离，首次在大型现代化废纸制浆系统中实现pH值7.5条件下的近中性脱墨，提高了纤维质量，减少了化学品消耗，废水CODCr浓度降至2500mg/L；二是研发了可溶性胶黏物控制技术，并集成应用多圆盘白水过滤和三级微气浮循环水处理技术，废水中DCS浓度降低20%以上，实现白水三回路封闭循环和80%以上细小纤维的高效回收。与其他现行技术相比，制浆和造纸过程的水重复利用率提高5%以上，分别达到95%和90%；吨纸制浆造纸全过程废水产生量降至10m^3以下；另外，在生产成本方面，与原有技术相比，吨纸降低近40元；实现了降污增效。

再以太阳纸业的化学法制浆为例。化学法制浆废水主要来源于蒸煮、漂白等工序，水污染物主要是降解的半纤维素、木素等有机物；二氧化氯漂白，除会产生一些有毒有害可吸附有机卤化物AOX外，因洗涤废水含高浓度氯离子，腐蚀性强，很难回用。因而相对其他制浆过程，化学法制浆原料利用率低、废水污染大。是否有更好的办法能把半纤维素也分离出来加以利用，提高原料利用率？能否进一步挖潜，降低废水污染？对于前者，研究论文很多，但在工程上能把原料三大组分连续分离出来的还没有先例，通过与山东太阳纸业联合攻关，首创连续“水解-连续”蒸煮方法，实现三大组分的完全分离，解决了这一国际难题，提高了产品的附加值。对于后者，创新“蒸煮-氧漂”协同脱木素技术及“置换-扩散-挤压”滤液高效分离技术，尽可能多地把水污染物送碱回收系统进行资源化处理；通过上述方法，纸浆的可漂性增加，然后再通过单元强化，显著减少二氧化氯漂白剂用量，增加废水回用。与其他现行技术相比，山东太阳纸业化学法制浆示范生产线废水量可降至20m^{3}以下，废水COD浓度也只有1000mg/L，达到国际领先水平。

《造纸信息》记者：请您介绍一下，在造纸清洁化生产及废水资源化利用、超低排放方面，未来的研究重点有哪些？从整个行业来看，绿色可持续发展的道路该如何把握？

陈克复院士：绿色发展仍是当今和未来造纸行业的核心主题。总的来看，造纸行业在水污染防治方面取得了显著进步，大部分先进产能都实现了清洁生产；但是，我国中小型造纸企业较多，技术装备水平较为落后，环保薄弱，这部分企业在废水资源化利用、超低排放方面还需要加强，还亟待开发与之相适应的清洁生产技术和水污染全过程控制技术。未来造纸仍需在节能减排、资源高效利用、植物纤维功能材料等方向上展开重点研究，持续提高全行业的技术水平，实现低消耗、低污染、低排放。

从整个行业来看，造纸行业要实现绿色发展，关键是要把水、纤维等资源用好。在水资源利用方面，要坚持节水优先，创造条件在生产各工序应用中高浓技术；改进生产工艺、强化循环水处理、优化水循环回用路径，努力提高水重复利用率；降低新鲜水消耗、减少污水排放。在纤维资源利用方面，要尽可能实施纤维原料全利用，一是生产过程各种纤维（纸浆、细小纤维，备料及筛选产生的各类纤维渣等）的综合利用；二是纤维三大组分（纤维素、半纤维素和木素）的环保高效分离及高值化利用；三是国内纤维资源再开发利用，要研究适用于国内纤维资源的新型低成本、高质量、高得率清洁制浆技术与大中型关键装备，替代部分进口废纸，解决纤维原料不足的难题。

《造纸信息》记者：您作为几十载一直奋战在制浆造纸行业教学、科研一线的一名老兵，对我国造纸工业的发展尤其是清洁生产方面做出了突出贡献。请问是什么样的信念支撑您及您的团队？对新一代的科研工作者您有怎样的寄语和希望？

陈克复院士：我1966年毕业于复旦大学力学系，学的是流体力学，经过部队农场劳动，1971年才到天津轻工业学院正式任教，师从著名造纸专家隆言泉教授，同时又到造纸厂跟班实习，在实践中深刻体会到隆先生所指出的造纸工业污染和落后的现实，并立志要继承隆先生的遗志，努力解决这两个问题。此后，我和我的团队一直致力于造纸行业清洁生产与节能减排技术的研究，把所学的流体力学知识和制浆造纸工程有机融合，率先在国内开展纤维悬浮液流动力学及流变学研究，从物理学的角度研究制浆造纸过程的机理，为中高浓清洁制浆技术与装备研发提供了理论基础。近10年来，在本项目产学研结合研发过程中，我们又打破了造纸行业以末端治理为主的传统治污方式，打破以往重单项技术突破的局限，通过技术集成创新形成合力，将清洁生产技术和末端治理技术相衔接，形成针对不同工艺过程的水污染全过程控制成套技术，实现了低成本超低排放。在山东太阳纸业股份有限公司和山东华泰纸业股份有限公司的重视与支持下，取得了重要成果。在项目技术的支撑和全行业的共同努力下，造纸行业已摘掉了“污染大户”的黑帽子。

造纸行业技术密集，今后也会向精细化、差异化、智能化方向发展，可研究的领域是非常多的。如今的年轻人有朝气、有想法、创新能力和国际交往能力都很强，但也存在一些不足，比如普遍比较浮躁，受碎片化信息干扰多，脱离甚至不屑于实际生产，做科研热衷于追热点和短、平、快，深度研究工作不够。因此，我希望年轻一代的科研人员能够抛开急功近利的想法，立足行业需求，求真务实，深度工作，响应习主席号召，把论文写在祖国的大地上，把科技成果应用在实现强国梦的伟大事业中。

（第三部分内容由陈克复、李金鹏汇编）

4

第四部分

新闻媒体报道

1月13日《人民日报》报道

19 科技

弘扬科学精神 助力国计民生

——2019年度国家科技奖励大会获奖项目巡礼（上）

把解决科学问题作为第一目标

让造纸摘掉"污染大户"的帽子

实验室里育不出好品种

严谨细致的作风弥足珍贵

《人民日报》
2020年1月13日
科技版

提起造纸，不少人会联想到“环境污染”。造纸行业产生的废水总量，曾一度占到工业废水排放总量的1/5。

小小一张纸，涉及国计民生。一方面，人们的生活离不开纸这个必需品；另一方面，造纸工业作为基础原材料产业，能带动农业、林业、化工、机械、印刷包装、物流等行业的发展，我国纸和纸板产量在全球总产量占有重要地位，创造了可观的经济价值。

打好污染防治攻坚战，必须解决造纸行业的污染问题。

由华南理工大学牵头完成、荣获国家科技进步奖一等奖的“制浆造纸行业清洁生产与水污染全过程控制关键技术及产业化”项目，改变了造纸行业水污染的治理模式，实现了清洁生产与末端治理相结合的水污染全过程控制，让造纸行业走上了循环经济、绿色发展、清洁生产的轨道。

据了解，项目研发涵盖制浆造纸所有工艺过程的清洁生产与水污染控制，突破了多项关键技术及支撑技术。“例如，研发连续水解技术、连续蒸煮技术及与氧脱木素的协同技术，解决了化学法制浆原料三大组分连续分离的工程难题，实现纤维原料全利用，在国际上还是首次。还有，研发备料废弃物清洁制浆技国家科技进步奖一等奖获得者陈克复——

让造纸摘掉“污染大户”的帽子

本报记者　刘诗瑶

提起造纸，不少人会联想到“环境污染”。造纸行业产生的废水总量，曾一度占到工业废水排放总量的1/5。

小小一张纸，涉及国计民生。一方面，人们的生活离不开纸这个必需品；另一方面，造纸工业作为基础原材料产业，能带动农业、林业、化工、机械、印刷包装、物流等行业的发展，我国纸和纸板产量在全球总产量占有重要地位，创造了可观的经济价值。

打好污染防治攻坚战，必须解决造纸行业的污染问题。

由华南理工大学牵头完成、荣获国家科技进步奖一等奖的“制浆造纸行业清洁生产与水污染全过程控制关键技术及产业化”项目，改变了造纸行业水污染的治理模式，实现了清洁生产与末端治理相结合的水污染全过程控制，让造纸行业走上了循环经济、绿色发展、清洁生产的轨道。

据了解，项目研发涵盖制浆造纸所有工艺过程的清洁生产与水污染控制，突破了多项关键技术及支撑技术。“例如，研发连续水解技术、连续蒸煮技术及与氧脱木素的协同技术，解决了化学法制浆原料三大组分连续分离的工程难题，实现纤维原料全利用，在国际上还是首次。还有，研发备料废弃物清洁制浆技术，产品可替代部分废纸浆应用于包装纸生产，为废弃纤维原料综合利用开辟了新的技术路线。”项目第一完成人、华南理工大学教授陈克复院士介绍说。

陈克复院士（前排中）团队在华南理工大学制浆造纸工程国家重点实验室合影。

华南理工大学供图

“每一项新技术的落地应用，都是一个极其复杂的过程，会碰到很多不可预见的问题，解决起来只有靠细心摸索和不懈的坚持。”陈克复说，团队曾面临一项难题：废水深度处理过程产生的污泥含水率高、脱水难度大。如果这个难题不解决，就无法实现污泥的资源化利用，又不能外送填埋处理，容易出现污染转移和二次污染问题，会严重影响本技术在生产企业的推广应用。为此，团队大量查询国内外文献资料，派专人到国内相关企业实地考察和技术交流，通过几个月的艰苦奋战，终于研发成功造纸深度处理污泥电渗透板框脱水处理技术，实现污泥由原来的30%干度提高到45%以上，解决了污泥脱水的难题。

目前，项目所研发的制浆造纸清洁生产与水污染全过程控制技术，已在数十家大中型造纸企业的制浆造纸生产线上及末端废水处理中应用，并推广到广东、广西、河南、河北等地的制浆造纸企业，有效提高了产能覆盖率。其核心技术还全部入选生态环境部的相关技术指南，作为行业推荐的先进技术在全国范围拓展，加速了造纸行业新旧动能转换和绿色制造升级。

“造纸行业必须走上可持续发展的道路，只有通过自主创新把关键核心技术掌握在自己手中，才能取得发展的主动权，为国家造纸行业和生态文明建设做出积极贡献。”陈克复说。

术，产品可替代部分废纸浆应用于包装纸生产，为废弃纤维原料综合利用开辟了新的技术路线。”项目第一完成人、华南理工大学教授陈克复院士介绍说。

“每一项新技术的落地应用，都是一个极其复杂的过程，会碰到很多不可预见的问题，解决起来只有靠细心摸索和不懈的坚持。”陈克复说，例如，创新团队曾面临一项难题：废水深度处理过程产生的污泥含水率高、脱水难度大。如果这个难题不解决，就无法实现污泥的资源化利用，又不能外送填埋处理，容易出现污染转移和二次污染问题，会严重影响本技术在生产企业的推广应用。为此，创新团队科技人员查询国内外大量文献资料，派专人到国内相关企业实地考察和技术交流，通过几个月的艰苦奋战，终于研发成功造纸深度处理污泥电渗透板框脱水处理技术，使污泥干度由原来的30%提高到45%以上，解决了污泥脱水的难题。

目前，项目所研发的制浆造纸清洁生产与水污染全过程控制技术，已在十多家大中型造纸企业的制浆造纸生产线上及末端废水处理中应用，并推广到山东、广西、河南、河北等地的制浆造纸企业，有效提高了产能覆盖率。其核心技术还全部入选生态环境部的相关技术指南，作为行业推荐的先进技术在全国范围拓展，加速了造纸行业新旧动能转换和绿色制造升级。

“造纸行业必须走上可持续发展的道路，只有通过自主创新把关键核心技术掌握在自己手中，才能取得发展的主动权，为国家造纸行业和生态文明建设做出积极贡献。”陈克复说。

1月11日《南方日报》《南方+》报道

黄旭华曾庆存获国家最高科学技术奖

南方网 · 南方快报

华工陈克复院士团队获国家科技进步奖一等奖

2020-01-10 14:20 来源：南方网

东汉时期，蔡伦改进造纸术，让书写变得便捷，为传承中华文明做出巨大贡献的故事家喻户晓。

在华南理工大学也有一位杰出科技工作者，他试

《南方日报》《南方+》
2020年1月10日

1月10日《南方+》报道

东汉时期，蔡伦改进造纸术，让书写变得便捷，为传承中华文明做出巨大贡献的故事家喻户晓。在华南理工大学也有一位杰出科技工作者，他试图扭转人们对造纸污染环境的刻板印象，带领科研团队攻坚克难，圆了绿色造纸梦。他就是中国工程院院士、华南理工大学教授陈克复。

2020年1月10日，国家科技奖励大会在北京人民大会堂举行。以华南理工大学为第一完成单位、陈克复为第一完成人的项目“制浆造纸清洁生产与水污染全过程控制关键技术及产业化”获得2019年国家科技进步一等奖。此前，陈克复及其团队接受《南方日报》《南方+》采访，透露了获奖项目的情况和科研服务社会的愿景。

多项技术达到国际领先水平

造纸是我国重要的基础原材料产业，2011年产量近1亿吨，高居世界第一。但是，造纸行业水污染严重，废水和COD排放量分别占全国工业排放总量的1/5和1/4。

2011年，国家连续四次发文，明确提出整治造纸等行业，严控废水和COD的排放量，解决造纸行业水

污染问题迫在眉睫。

本着对社会、对行业高度负责的态度，陈克复带领团队与山东太阳纸业股份有限公司和山东华泰纸业股份有限公司组建产学研科技创新团队，按照国家战略需求，为企业和社会解决实际问题。他们十年磨一剑，反复攻克科研难关，成功研发了覆盖制浆造纸所有工艺过程的清洁生产和水污染控制10项关键技术和11项支撑技术，形成了5个方面的科技创新集成技术。

“我们的科研理念就是尽可能让资源全利用，将清洁生产和末端治理结合起来。”陈克复介绍，团队的技术革新在国际上达到领先水平，不少创新成果还是世界第一。

针对COD浓度高、污染负荷重、常规处理方式难以达标的问题，创新团队创新性地将机械蒸汽再压缩蒸发技术应用于化学机械制浆废水的预蒸发，再结合多效蒸发器进一步浓缩后送碱回收系统处理，实现水污染物的资源化利用。

陈克复院士在实验室指导学生开展科研工作

陈克复院士团队在实验室开展研究工作

化学法制浆原料利用率低、污染大，如何实现原料组分全利用、减少污染是造纸专业领域最受关注的技术难题。创新团队通过无数次试验，创新研发连续水解蒸煮技术和氧脱协同深度脱木素技术，创新性地解决了这个难题，污染负荷大幅降低，COD削减30%以上。

废纸制浆过程中，传统使用的碱性脱墨技术是导致污染负荷严重的主要环节。团队创新研发了近中性脱墨技术和造纸废水梯级循环回用技术，使制浆水重复利用率大于95%，造纸水重复利用率大于90%，既节约用水，又减排废水。

摘掉造纸业“排污大户”的帽子

社会上对造纸的刻板印象不少，比如“少用一张纸，少砍一棵树”这类公益广告，虽然初衷是好的，但是对造纸行业的认知仍然存在误区。陈克复说，事实上，我国造纸业采用废纸回用制浆的比例已经达到65%以上，还有10%的制浆原料采用芦苇、竹子、甘蔗渣、麦草等废弃纤维作为原料，最大限度地保护林木资源。

从复旦大学力学专业毕业后，陈克复下过部队农场劳动，到过造纸厂跟班学习，1971

年来到天津轻工业学院任教并开始进修制浆造纸专业，师从我国造纸著名专家隆言泉教授。隆教授多次提到，国内的造纸行业存在着环境污染和设备落后两个阻碍发展的问题，期待下一代人可以解决。拳拳话语成为陈克复踏上造纸科研道路的原动力。

“现在我可以自信地说，绿色造纸在我们这代人手中基本实现了！”陈克复兴奋地说。去年他陪同专家到项目合作企业山东太阳纸业考察时，大家就惊奇地发现，废水处理后的排水口水质清澈，芦苇丛生，附近甚至成为当地的一个旅游景点，很多新人在那里拍摄婚纱照。

如今，项目组研发的集成技术已经在山东、广西、河南、河北等地十多家大中型造纸企业——山东太阳纸业股份有限公司、山东华泰纸业股份有限公司等——的制浆造纸生产线上及末端废水处理中得到应用。与此同时，该技术已经全部被选入生态环境部发布的《制浆造纸工业污染防治可行技术指南》，作为行业推荐的先进技术在全国范围内推广。陈克复说，我们的技术不设壁垒，欢迎与行业内其他企业共享技术成果。通过全行业共同行动，造纸行业才能摘掉“排污大户”的帽子，真正实现绿色发展。

陈克复院士在实验室指导学生开展科研工作

2月8日《光明日报》报道

综合新闻 03

陈克复：让造纸不再与污染画等号

保障疫情防控 维护市场稳定

最大限度扩充收治容量

春运返程如何力保顺畅安全

让广大农民都过上幸福美满的好日子

《光明日报》
2020年2月8日

“我的导师生前曾对我说过，中国造纸业的问题一个是对环境污染，一个是设备落后，这两个问题他这代人还解决不了，希望我们来解决。我们总算做了一些工作，把污染问题基本解决了。”在实验室见到陈克复院士，他没有提及荣誉和成绩，而是跟记者聊起了初心。

出生于广东省海丰县的陈克复，幼时经历了日寇侵略下的兵荒马乱。起初，父亲为他起名“克服”，意在希望他能坚强地克服今后人生当中遇到的各种困难。通过高考，陈克复考入了复旦大学数学力学系力学专业。欣闻学生考入名校，陈克复的中学老师提议他将“克服”改为“克复”。“意思是我们中学第一个‘攻克’了复旦大学这个‘堡垒’的学生。”陈克复回忆道。

陈克复曾在天津轻工业学院（现天津科技大学）任教，也正是在那里，陈克复遇到了自己科研生涯中的领路人——我国著名造纸专家隆言泉。彼时隆言泉的研究组需要一位懂流体力学的人，因此找到了学力学的陈克复。陈克复的办公室里至今仍挂着他与恩师隆言泉的合影。“隆教授常说，什么时候我们能把造纸对环境污染和设备落后这两大难题解决了，造纸行业才算有真正的进步。”老师的夙愿陈克复一直铭记在心。

纸上得来终觉浅，绝知此事要躬行。当时对造纸还一无所知的陈克复被安排到纸厂锻炼学习，开始了“三班倒”的工作。也正是在实践中，陈克复开始把自己的力学专业知识与造纸工作实际联系了起来。一年半的时间，他基本掌握了造纸流程和从业基础知识。

造纸业是我国重要的基础原材料产业。仅在2011年，中国造纸业年产量就将近有1亿吨，占全球总产量的1/4，居世界第一。但是，随之而来的水污染问题也十分严重，当时废水和COD排放量分别占全国工业排放总量的1/5和1/4，高居各行业之首。

“国家在一年内针对造纸等重点污染行业连发四次文，这是前所未有的。”陈克复告诉记者，仅2011年一年，国家就连续四次发文，明确提出重点整治造纸等重点排污行业。这对国家和行业，也对长期从事制浆造纸工程和环境工程科研教学工作的陈克复，提出了不小的挑战。

技术必须覆盖造纸的3种主要工艺；创新治理模式，源头控制和末端治理相结合，把废水量降到最低；水污染物的排放指标要优于欧盟和美国，居世界第一。在挑战面前，陈克复对自己和创新团队提出了更高的要求。

十年磨一剑，陈克复带领产学研结合科技创新团队反复攻关，成功研发了覆盖制浆造纸所有工艺过程的清洁生产和水污染控制10项关键技术和11项支撑技术，形成5个方面的科技创新集成技术。“我们的科研理念就是尽可能让资源全利用，将清洁生产和末端治理结合起来。”陈克复说。

将机械蒸汽再压缩蒸发技术应用于化学机械制浆废水的预蒸发，再结合多效蒸发器进一步浓缩后送碱回收系统处理，实现水污染物的资源化利用，创新团队创新性地解决了化机浆废水COD浓度高、污染负荷重、常规处理方式难以达标的问题。

研发连续水解蒸煮技术和协同深度脱木素技术，实现原料组分全利用、减少污染，历经无数次试验，创新团队攻克了化学法制浆原料利用率低、污染大的难题，使COD削减超过30%。

通过研发近中性脱墨技术和造纸废水梯级循环回用技术实现提质，创新团队的研究成果使废纸制浆过程中制浆水重复利用率大于95%，造纸水重复利用率大于90%。

“如今，我国造纸业已实现对用水的全过程监控，相关技术达到国际领先水平。”让陈克复倍感欣慰的是，根据两年前有关部门发布的环境年报，造纸业已摘掉了“头号水污染大户”的帽子。

1月10日上午，中共中央、国务院在北京隆重举行国家科学技术奖励大会，以华南理工大学为第一完成单位、陈克复院士为第一完成人的项目——“制浆造纸清洁生产与水污染全过程控制关键技术及产业化”，获得了2019年度国家科技进步奖一等奖，实现了广东省内高等学校牵头获得国家科学技术奖励一等奖零的突破。

面对荣誉，陈克复跟记者说得最多的仍是造纸行业未来的发展。“造纸行业的落后问题还没有100%解决，我也寄希望于我们的学生，把我们还没做完的事情继续做下去。”对于与造纸污染“过招”40余年、已年过七旬的陈克复而言，他的眼光仍瞄向未来。

（记者　王忠耀　吴春燕）

1月11日《中国教育报》报道

03 国家科学技术奖励大会特别报道

绿色造纸护绿水青山

——访2019年度国家科技进步奖一等奖获得者陈克复团队

致敬高校的科研工作者

给未来高层建筑奠基

——访2019年度国家科技进步奖一等奖获得者周绪红团队

《中国教育报》
2020年1月11日

过去，废水量大、污染物难处理等问题，长期困扰着我国制浆造纸行业。中国工程院院士、华南理工大学教授陈克复带领课题组老师与行业龙头企业合作，以企业创新为主体，组织产学研用科技创新团队，着力研发制浆造纸清洁生产与水污染全过程控制技术，助推我国造纸行业转型升级，走上了绿色发展道路。用“科创星火”推动造纸业“老树发新芽、开新花、结新果”，陈克复的科技创新团队的研究成果为降低造纸行业水污染、大幅度减少污染物排放做出了突出贡献，推动了我国造纸业快速健康发展。近日，该团队研发的“制浆造纸清洁生产与水污染全过程控制关键技术及产业化”项目，获得2019年度国家科技进步奖一等奖。

向造纸行业“拦路虎”宣战

中国是造纸术的诞生地。然而，当代的中国造纸行业却曾长期陷入大而不强的困境，部分关键指标落后于发达国家。

“造纸术发明已近2000年了，当初蔡伦发明的制浆造纸方法包括9个步骤，最终将纤维原料做成纸。”陈克复说，虽然生产过程逐渐实现了机械化、自动化，但制浆造纸基本工艺过程还是跟2000年前差不多。

“传统制浆造纸方法有着高污染、高耗能的问题。污染、耗水、耗能这三只‘拦路虎’，曾长期制约着我国造纸行业实现高质量发展。”陈克复举例说，2011年我国纸和纸板产量近1亿吨，居世界第一。但造纸业废水和COD排放量分别占全国工业排放总量的1/5和1/4，高居榜首。

造出白纸却污染了水，造纸业戴上了“污染大户”的帽子。国家曾多次发文提出专项整治造纸等重点排污行业，要求严控废水和COD排放量。怎样既造出纸又守护好绿水青山？这是陈克复一直在思考的问题。

作为我国造纸领域的工程院院士，陈克复决定组织产学研创新团队攻克这道产业难题，向“拦路虎”宣战。

帮造纸企业“增产不增污”

自2006年起，山东太阳纸业就和陈克复团队建立了长期合作关系，双方共建太阳纸业院士工作站。该公司重视科技创新，科技研发驶上了“快车道”。2018年，太阳纸业营业总收入迈过500亿元门槛，浆纸产量631万吨，冲进世界造纸业20强。在新技术支持下，太阳纸业的发展正实现从量的增长转向质的提升。事实上，这只是陈克复创新团队努力推动产学研用一体化，将科研成果转化为企业创新发展“利器”的缩影。

十年磨一剑。科技创新团队基于多年的工程实践经验，研发出了纤维原料组分连续分离技术，连续蒸煮置换脱木素技术、化机浆废水资源化处理技术、废纸制浆近中性脱墨技术等10项关键技术，以及11项支撑技术。这些技术转化出10多项成果，形成5套先进可靠的集成技术。这5套集成技术覆盖化机浆、化学浆、废纸浆和造纸等所有主要工艺过程，成为中国造纸业清洁生产和水污染全过程控制的重要技术支撑。

为使科研成果实现充分转化，科技创新团队与造纸企业通过产学研结合，借助院士工作站、博士后科研工作站等创新平台，促进科技成果转化应用，推动造纸行业从产能落后、污染环境的传统行业，蜕变为绿色环保、技术密集的朝阳产业。

摘掉造纸业“污染大户”帽子

年产15万吨废纸脱墨制浆生产线和造纸生产线提标改造工程完成后，山东华泰纸业PM10号生产线实现了华丽转身。与改造前相比，该生产线脱墨制浆、造纸过程的水循环利用率均达到90%以上，废水、COD年排放量分别降低31.5万立方米和884吨，这样的进步得益于科技创新团队的技术支持。

化学机械法制浆废水由于COD浓度高、污染负荷重，运用常规方法处理难以达标。科技创新团队创新性地应用机械蒸汽再压缩蒸发技术，对这种废水进行预蒸发，将其进一步浓缩后，即可在碱回收系统进行处理。目前，该技术已在山东太阳纸业应用，属全世界首例。

在“制浆造纸清洁生产与水污染全过程控制”这个研究领域，陈克复领导的科技创新团队拥有的授权发明专利达30件，团队技术成果还被列入国家水专项标志性成果。更重要的是，项目技术已全部入选《制浆造纸行业污染防治可行技术指南（2018）》，作为行业推荐的先进技术在全国范围内推广。

现在，我国造纸行业废水与COD排放总量比2011年分别下降38.2%、55%，废水和COD排放量已低于多个重点行业。

1月10日《央广网》报道

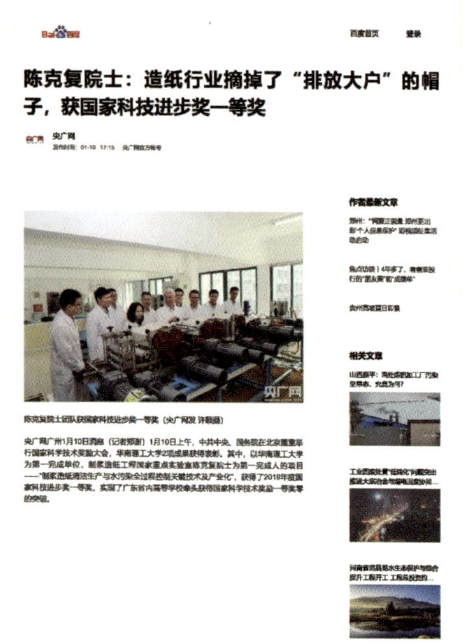
百度首页 登录

陈克复院士：造纸行业摘掉了“排放大户”的帽子，获国家科技进步奖一等奖

央广网

发布时间：01-10 17:15 央广网官方帐号

陈克复院士团队获国家科技进步奖一等奖（央广网发 许颖摄）

央广网广州1月10日消息（记者郑澍）1月10日上午，中共中央、国务院在北京隆重举行国家科学技术奖励大会，华南理工大学2项成果获得表彰。其中，以华南理工大学为第一完成单位，制浆造纸工程国家重点实验室陈克复院士为第一完成人的项目——“制浆造纸清洁生产与水污染全过程控制关键技术及产业化”，获得了2019年度国家科技进步奖一等奖，实现了广东省内高等学校牵头获得国家科学技术奖励一等奖零的突破。

作者最新文章

相关文章

《央广网》
2020年1月10日

《央广网》广州1月10日消息（记者郑澍） 1月10日上午，中共中央、国务院在北京隆重举行国家科学技术奖励大会。其中，以华南理工大学为第一完成单位，华南理工大学教授陈克复院士为第一完成人的项目——“制浆造纸清洁生产与水污染全过程控制关键技术及产业化”，获得了2019年度国家科技进步奖一等奖，实现了广东省内高等学校牵头获得国家科学技术奖励一等奖零的突破。

▶制浆造纸清洁生产与水污染全过程控制关键技术及产业化

造纸行业是我国重要的基础原材料产业，2011年产量近1亿吨，居世界第一；但水污染严重，废水和COD排放量分别占全国工业排放总量的1/5和1/4，高居榜首。当年国家连续四次发文，明确提出专项整治造纸等重点排污行业，严控废水和COD排放量。因此，解决造纸行业水污染这一重大科技难题迫在眉睫。

按照国家战略要求，项目组组建产学研创新团队，经过近十年的努力，研发覆盖化机浆、化学浆、废纸浆和造纸等所有工艺过程的清洁生产技术，突破“化机浆废水高效低耗蒸发技术”“化学浆连续蒸

煮置换脱木素技术”“废纸浆近中性脱墨技术”等10项关键技术及11项支撑技术，取得了化机浆废水全资源化利用、化学浆三大组分连续分离、消除废纸脱墨废水污染等十多项成果，形成5套先进可靠的技术体系。

项目成果已实现产业化，产生了显著的经济效益和社会环境效益。项目成果均经过第三方检测、评估，主管部门验收、鉴定，其清洁生产技术与国家发布的《制浆造纸行业清洁生产评价指标体系》比较，达到国际领先水平；环保指标远优于欧盟标准。项目技术已全部被选入《制浆造纸行业污染防治可行技术指南（2018）》，正在全行业大面积推广。

该项目实现了制浆造纸清洁生产与水污染全过程控制，完成了国家提出整治造纸行业水污染的重要任务，推动了全行业的转型升级，促进了造纸行业绿色发展。通过全行业的共同努力，造纸行业摘掉了“排放大户”的帽子，支撑了国家“水十条”、新“环境保护法”等法规的实施。

1月11日《广州日报》报道

华工院士团队十年磨一剑 摘掉造纸“污染大户”黑帽

广州日报

陈克复教授在实验室里专注工作

人物故事

"中国造纸业的问题，一个是污染，一个是设备落后。这两个问题，我这一辈子解决不了，要你这一辈子来解决。"导师的这句嘱托，中国工程院院士、华南理工大学教授陈克复始终记在心上。

昨日，陈克复领衔完成的"制浆造纸清洁生产与水污染全过程控制关键技术及产业化"荣获国家科技进步奖一等奖，实现了广东省内高等学校牵头获得国家科学技术奖励一等奖零的突破。经过他和团队的10年攻关，中国造纸业"污染大户"的帽子终于被摘掉了。

日前，记者走进了陈克复院士团队的实验室，听他们讲述科研攻关背后的故事。

"我的导师生前曾对我说，中国造纸业的问题一个是污染，一个是设备落后，这两个问题他一辈子都解决不了，希望我这一辈子来解决。

我们总算做了一些工作，把污染问题基本解决了。但造纸行业的落后问题还没有100%解决，我也寄希望于我的学生，把我没做完的事情做下去。"

——陈克复院士

文/广州日报全媒体记者林霞虹 通讯员卢庆雷

图/广州日报全媒体记者高鹤涛

《广州日报》
2020年1月11日

“中国造纸业的问题，一个是污染，一个是设备落后。这两个问题，我这一辈子解决不了，要你们这一辈子来解决。”导师的这句嘱托，中国工程院院士、华南理工大学教授陈克复始终记在心上。

昨日，陈克复领衔完成的“制浆造纸清洁生产与水污染全过程控制关键技术及产业化”荣获2019年度国家科技进步奖一等奖，实现了广东省内高等学校牵头获得国家科学技术奖励一等奖零的突破。经过他和他的科技创新团队的10年攻关，终于摘掉了中国造纸业“污染大户”的帽子。

日前，记者走进了陈克复院士团队的实验室，听他们讲述科研攻关背后的故事。

“我的导师生前曾对我说，中国造纸业的问题一个是污染，一个是设备落后，这两个问题他这一辈子解决不了，希望我们这一代人来解决。我们总算做了一些工作，把污染问题基本解决了。但造纸行业的落后问题还没有100%解决，我也寄希望于我们的学生，把我们没做完的事情继续做下去。”

▶技术覆盖工艺全过程　造纸水重复利用超九成

1966年，陈克复从复旦大学力学专业毕业。毕业后的几年间，陈克复当过工人、农民，后来由于机缘巧合，他成为造纸行业著名专家隆言泉教授的助手。

造纸术是中国古代四大发明之一，造纸业也是我国重要的基础原材料产业。2011年，中国造纸业年产量约1亿吨，占全球总产量的1/4，居世界第一。但是，当时造纸业带来的水污染问题十分严重，废水和COD排放量分别占全国工业排放总量的1/5和1/4，高居各行业之首。

陈克复说，仅2011年一年，国家就连续四次发文，明确提出专项整治造纸等重点排污行业。"国家一年重点针对造纸等行业连发四次文，这是前所未有的。"

如何解决造纸业水污染，这个巨大的科技难题横亘在陈克复面前。通过产学研结合，组建科技创新团队，带领团队定下目标：第一，技术必须覆盖造纸的三种主要工艺；第二，创新治理模式，源头控制和末端治理相结合，把废水量降到最低；第三，水污染物的排放指标要优于欧盟和美国，居世界第一。

经过近十年的潜心研究，科技创新团队成员成功研发了覆盖制浆造纸所有工艺过程的清洁生产与水污染控制10项关键技术及11项支撑技术，形成5套集成技术，并在现代化大型生产线实施产业化及推广应用，构建了造纸业水污染全过程控制新模式。

其中，针对废纸制浆碱性脱墨污染负荷重的难题，他们创新研发了废纸制浆近中性脱墨技术和造纸废水梯级循环回用技术，实现废纸制浆水重复利用率大于95%，造纸水重复利用率大于90%，节约了新鲜水的用量，大幅减少废水的排放。

同时，陈克复团队还创新研发了连续水解蒸煮技术及协同深度脱木素技术，解决了化学法制浆原料组分连续分离的工程难题，实现纤维原料全利用，这在国际上还是首次。

"以前，有关纤维原料组分分离利用的研究非常多，然而，之前没有一个能在工程上落地。"陈克复说，"经过10年研发，我们的科技创新团队实现了'把论文写在祖国大地上'。"

▶排污口附近建公园　人们纷纷来拍婚纱照

陈克复院士组建产学研创新团队研发的制浆造纸清洁生产与水污染全过程控制技术已在全国10家大中型造纸企业的制浆造纸生产线上及末端废水处理中应用。如今，该技术又推广应用到山东、广西、河南、河北等地的制浆造纸企业。

采用这一新技术的造纸企业，其清洁生产技术已达国际领先水平，单位产量废水和COD排放指标远优于欧盟标准。

陈克复告诉记者："太阳纸业造纸厂污水处理站的排污口区域建成了一个湿地公园，成为当地一景，很多人在那里拍婚纱照，让前去考察的专家感到非常震撼。"

陈克复说，在该技术的推动和全行业的共同努力下，如今造纸行业废水与COD排放总量比2011年下降了38.2%和55%，废水和COD排放量已低于多个重点排污行业。"造纸业终于摘掉了'排放大户'的帽子。"

1月10日《羊城晚报》报道

华工陈克复院士团队实现广东省内高校国家科技进步一等奖"零的突破"
用10年摘掉造纸业"排放大户"黑帽
走进农村春晚女导演的一天
冷空气来见 毛毛雨先来
一分钟就能筛查7种眼病
不要把"高考评价体系"误读为考试大纲

《羊城晚报》
2020年1月10日

"中国的造纸，一个是污染，一个是设备落后。我这辈子是解决不了了，希望你们这辈子来解决。"几十年来，恩师、著名造纸专家隆言泉先生的这句话一直深深印刻在陈克复的脑海里。

1月10日，中国工程院院士、华南理工大学教授陈克复组织的科技创新团队主持完成的项目——"制浆造纸清洁生产与水污染全过程控制关键技术及产业化"荣获2019年度国家科技进步一等奖。记者了解到，这也是广东省内高等学校牵头获得国家科学技术奖励一等奖的零的突破。

十年磨一剑，近十年来，陈克复院士团队突破了10项关键技术及11项支撑技术，形成十多项成果和5套先进可靠的集成技术，实现了制浆造纸清洁生产与水污染全过程控制，通过全行业共同努力，造纸行业摘掉了"排放大户"的帽子。近日，《羊城晚报》记者走进实验室，采访了陈克复院士团队。

半个世纪学造纸，立志攻克污染难题

1966年，陈克复毕业于复旦大学力学专业。按照他当时的研究方向，未来他要做的应当是造潜艇、造火箭。然而，他刚刚毕业，"文革"就开始了。后来，他当过农民、工人，幸而后来成为我国著名造纸

专家隆言泉教授的助手，开始学习造纸。

当时的造纸行业并不讨人喜欢，主要原因之一就是水污染。陈克复一直记得老师说的一句话："中国造纸主要的问题是污染、设备落后。"

对陈克复来说，他这辈子的首要目标，就是攻克造纸的污染问题。

造纸是我国重要的基础原材料产业，2011年产量近1亿吨，居世界第一，同时带来的水污染问题也日益突出。数据显示，2011年造纸业废水排放量达38.3亿吨，COD排放量达74.2万吨，被称为"污染大户"。

2011年，国家连续四次发文，明确提出要专项整治造纸等重点排污行业，严控废水和COD排放量。几乎同时，陈克复院士联合山东太阳纸业及山东华泰纸业两家大型造纸企业组建了科技创新团队，目标就是解决造纸行业的水污染问题。

"我们提出，第一，我们研发的技术必须要实现制浆造纸工艺全覆盖；第二，改变造纸业传统的废水末端治理模式，提出清洁生产与末端治理相结合的水污染全过程控制新模式，把废水量降到最低。"陈克复告诉记者，"最终的目标是，让造纸业水污染排放指标优于欧盟、美国等的标准，水污染控制技术要达到国际领先水平"。

创新成果创下多个"国际首次"

要摘掉造纸业"污染"的黑帽子，谈何容易。近十年来，创新团队针对不同工艺，研发突破10项关键技术及11项支撑技术，形成了5套科技创新集成技术，创造了多个"国际首次"。

如创新性地将机械蒸汽再压缩蒸发技术应用于化学机械法制浆废水的预蒸发，再结合多效蒸发器进一步浓缩后送碱回收系统处理，实现了水污染物的资源化利用，解决了COD浓度高的特殊废水处理难题。

又如在化学法制浆中，要实现纤维素、半纤维素、木素这三大组分的连续分离，而这是公认的国际难题。陈克复告诉记者，传统制浆造纸环节中，多留下纤维素，而把半纤维素和木素这两种宝贵原料随废液进碱回收炉燃烧，其主要原因就是要将这三大组分连续分离出来，难度太大。

"实验室可以用低酸分离半纤维素，但在工厂里，低酸分离会影响后续的流程。创新团队创新研发连续热水分离技术，水解连续蒸煮技术及深度氧脱木素协同技术，在连续状态下先后分离提取半纤维素、木素，最后剩下纤维素，解决了化学法制浆原料三大组分连续分离的工程难题，成功实现纤维原料的全利用。这在国际上还是首次。"

如何解决废纸浆脱墨的污染问题？陈克复告诉记者，实际上，中国造纸原料并不靠砍树，65%的原料都来源于回收的废纸，25%源于进口木浆及国内木片制浆，10%源于甘蔗渣、竹子、芦苇、麦草等其他纤维原料。

废纸制浆最关键的脱墨处理流程，是产生污染最多的阶段。创新团队研发成功近中性脱墨，实现污染最小的废纸脱墨制浆造纸技术。

解决造纸污染，打造绿色制造“中国样本”

陈克复告诉记者，如今，项目所研发的制浆造纸清洁生产与水污染全过程控制技术，已全部被选入生态环境部发布的《HJ 2302—2018制浆造纸工业污染防治可行技术指南》，作为行业推荐的先进技术在全国范围内推广。

相关技术已在山东太阳纸业股份有限公司、山东华泰纸业股份有限公司等10家大中型造纸企业的制浆造纸生产线上及末端废水处理中应用，并推广应用到山东、广西、河南、河北等地的制浆造纸企业。

“采用这一创新技术的企业，不仅废水处理成本降低了，单位产量废水和COD排放指标也远优于欧盟标准，清洁生产技术水平达到国际领先。”陈克复说，“特别是吨产品的COD排放量，通过多次第三方检测，实现了只有欧盟标准的1/10。”

数据显示，在该项目的推动下和在全行业的共同努力下，中国造纸行业废水与COD排放总量比2011年分别下降38.2%和55%，废水和COD排放量已低于多个重点行业，摘掉了“污染大户”的帽子。

许多专家认为，该项目的技术改变了造纸行业在社会上的形象，为造纸行业新旧动能转换和绿色制造提供了示范，打造了造纸业处理污染的“中国样本”。

“当年老师说的造纸业污染问题，现在看来基本解决了，但洛后问题还没有百分百解决。”陈克复说，“我和老师一样，寄希望于我的团队和学生，希望他们能把我们这一代人没有做完的事情继续做下去。”

1月10日《南方都市报》报道

南方都市报
21万 文章 166亿 总阅读
查看TA的文章>

陈克复院士：十年摘掉造纸污染大户帽子，获国家科技进步奖一等奖

2020-01-10 11:57

1月10日，北京人民大会堂，中共中央、国务院举行国家科学技术奖励大会，华南理工大学陈克复院士团队项目成果——制浆造纸清洁生产与水污染全过程控制关键技术及产业化获国家科学技术进步奖一等奖。据华工方面介绍，这是广东省内高等学校牵头获得国家科学技术奖励一等奖零的突破。

10日，团队负责人、中国工程院院士陈克复向南都记者讲述如何摘掉造纸"污染大户"帽子背后的技术创新。

纸张随处可见，"少用一张纸、少砍一棵树"的宣传语也常见，不过这并不准确。据专家介绍，国内每年接近1亿吨的造纸原料并非砍树得来，其中65%来自废纸回收再造纸。

长期以来，公众对造纸的第一印象就是污染。如何大幅减小造纸行业废水污染？摘掉造纸"污染大户"的帽子？华南理工大学陈克复院士团队深耕行业、钻研十载，团队研发覆盖化机浆、化学浆、废纸浆和造纸等所有工艺过程的清洁生产技术，突破10项关键技术及11项支撑技术，取得了10多项成果，形成5套先进可靠的技术体系。如今，造纸行业废水与COD排放总量分别比2011年下降38.2%和55%，实现了制浆造纸清洁生产与水污染全过程控制，完成了国家提出整治造纸行业水污染的重要任务。

中国工程院院士陈克复。

项目

摘掉"污染大户"帽子，实现制浆造纸清洁生产与水污染全过程控制

纸与人民生活密切相关，是生活必需品。随着国民经济的发展和人民生活水平的提高，我国纸和纸板产量不断提升，2011年后超过1亿吨，占全球总产量的四分之一，居世界第一。造纸工业是我国国民经济重要的基础原材料产业，拉动了农业、林业、化工、机械、印刷包装、物流等行业的发展。

《南方都市报》
2020年1月10日

1月10日，在北京人民大会堂，中共中央、国务院举行国家科学技术奖励大会，华南理工大学陈克复院士组建的科技创新团队项目成果——"制浆造纸清洁生产与水污染全过程控制关键技术及产业化"获2019年度国家科学技术进步奖一等奖。据华南理工大学介绍，这是广东省内高等学校牵头获得国家科学技术奖励一等奖零的突破。

10日，团队负责人、中国工程院院士陈克复向南都记者讲述摘掉造纸"污染大户"帽子背后的技术创新。

纸张随处可见。"少用一张纸、少砍一棵树"的宣传语也十分常见，不过这并不准确。据专家介绍，国内每年接近1亿吨的造纸原料并非砍树得来，其中65%来自废纸回收制浆再造纸。

长期以来，公众对造纸的第一印象就是污染。如何大幅减小造纸行业废水污染，摘掉造纸"污染大户"的帽子？以华南理工大学陈克复院士为首的产学研结合科技创新团队深耕行业、钻研十载，团队研发覆盖化机浆、化学浆、废纸浆和造纸等所有工艺过程的清洁生产技术，突破10项关键技术及11项支撑技术，取得了十多项成果，形成5套先进可靠的技术体系。如今，造纸行业废水与COD排放总量分别比2011

年下降38.2%和55%，实现了制浆造纸清洁生产与水污染全过程控制，完成了国家提出整治造纸行业水污染的重要任务。

▶ 摘掉“污染大户”帽子，实现制浆造纸清洁生产与水污染全过程控制

纸是生活必需品，与人民生活密切相关。随着国民经济的发展和人民生活水平的提高，我国纸和纸板产量不断提升，2011年后超过1亿吨，占全球总产量的1/4，居世界第一。造纸工业是我国国民经济重要的基础原材料产业，拉动了农业、林业、化工、机械、印刷包装、物流等行业的发展。

但是，随着造纸工业的发展，水环境污染问题日益突出。“废水量和COD排放量位于各行业之首。”陈克复介绍，2011年行业废水排放总量达38.3亿吨，约占工业废水排放总量的1/5，COD排放总量达74.2万吨，约占工业COD排放总量的25%，被社会称为“污染大户”。

解决造纸行业水污染是迫在眉睫的重大科技难题。“国家连续4次发文，明确提出专项整治造纸等重点排污行业，严控废水和COD排放量，这个力度是难以想象的。”陈克复说，“组建产学研创新团队，把解决造纸行业水污染的问题作为首要目标。”

1966年，陈克复毕业于复旦大学力学系力学专业。1971年，陈克复进入天津轻工业学院任教并开始进修制浆造纸专业，开启了从“力学”到“制浆造纸”的转行。“我的导师以前说，中国的造纸污染严重、设备落后，他这辈子解决不了的问题，希望我这辈子解决。”陈克复回忆道。

2003年，陈克复当选中国工程院院士，后为制浆造纸工程国家重点实验室学术委员会主任。经过近十年的奋斗，陈克复及其创新团队研发成功覆盖制浆造纸所有工艺过程的清洁生产与水污染控制10项关键技术及11项支撑技术，形成5套集成技术。其清洁生产技术达到国际领先水平，单位产量废水和COD排放指标远优于欧盟标准。

在团队和行业共同努力下，如今，造纸行业废水与COD排放总量分别比2011年下降38.2%和55%，在其他行业同样进步的情况下，废水和COD排放总量已低于多个重点排污行业，摘掉了“污染大户”的帽子，实现了制浆造纸清洁生产与水污染全过程控制，完成了国家提出整治造纸行业水污染的重要任务。“我这辈子总算做了些工作，造纸污染的问题基本解决了。”陈克复说。

该项目的研究成果改变了造纸行业水污染的治理模式，实现了清洁生产与末端治理相结合的水污染全过程控制，为实现造纸行业的绿色发展提供了可行技术路线，全方位、多角度地为我国这个具有两千年历史的造纸行业正名，改变社会上对造纸行业不好的印象，并树立我国造纸行业的新形象。

1月11日《新快报》报道

国家科学技术奖励大会

华工造纸院士团队荣获国家科技进步奖一等奖：

终于让造纸业脱掉了"重污染"的帽子

解决中国造纸行业的"污染"和"落后"

相关成果已从实验室走向企业

广中医科研团队获国家科学技术进步奖二等奖：

将缺血性中风残障率由40%降低到17.9%

"自己给自己扎针治疗"

《新快报》

2020年1月11日

▶华南理工大学造纸院士团队荣获国家科技进步奖一等奖

"导师生前多次说，我国造纸业存在的问题，一个是污染，一个是设备落后，期望我们这代人能解决。随着我国关键技术的实现和产业化，污染问题算是基本控制住了，我们也总算不负所望！"新年伊始，在华南理工大学制浆造纸工程国家重点实验室里，中国造纸领域首位中国工程院院士、华南理工大学教授陈克复在接受访问时动情地说道。

10年来，陈克复带领团队克难攻坚，终于突破"化机浆废水高效低耗蒸发技术"等10项关键技术及11项支撑技术，取得了化机浆废水全资源化利用等十多项成果，为行业水污染物排放达标提供了最佳可行技术。在2019年度国家科学技术奖励大会上，陈克复院士代表科技创新团队领取了2019年度国家科技进步奖一等奖。

▶解决中国造纸行业的"污染"和"落后"

1942年出生于广东省海丰县的陈克复，原名叫陈克服，"父母期望我将来能克服困难与障碍，成为一个有出息的人"。1961年，陈克服以优异的成绩被复旦大学录取，他的老师十分高兴，建议他将名字改成"克复"。

1971年，从部队农场劳动归来的陈克复，去天津轻工业学院（现天津科技大学）任教，并开始进修制浆造纸专业，师从造纸著名专家隆言泉先生。“导师（隆言泉先生）多次跟我说，我国造纸行业存在两大阻碍发展的问题，一是造纸对环境的污染，一是造纸装备的落后，他希望这两大问题能在我们这代人手中得到解决。”陈克复说，解决中国造纸行业的“污染”和“落后”，成了他们这一代造纸人的目标。

世界用纸，四分之一“中国造”。我国的造纸行业在2011年的年产量已近1亿吨，居世界第一。但在产业蓬勃发展的背后，却伴随着对水资源的严重污染。据统计，2011年造纸业带来的废水和COD排放量分别占全国工业排放总量的1/5和1/4。

从根本上解决造纸行业水污染，迫在眉睫！

也就是在2011年，按照国家战略要求，陈克复带着课题组组建产学研创新团队，研发覆盖化机浆、化学浆、废纸浆和造纸等所有工艺过程的清洁生产技术。

高校、企业、机构；院士、教授、研究生、企业家、技术员……为了从根本上解决造纸行业水污染重大问题，组建近百人的创新团队，经过近10年的努力，终于突破“化机浆废水高效低耗蒸发技术”“化学浆连续蒸煮置换脱木素技术”“废纸浆近中性脱墨技术”等10项关键技术及11项支撑技术，取得了化机浆废水全资源化利用、化学浆三大组分连续分离、消除废纸脱墨废水污染等十多项成果，形成5套先进可靠的技术体系。

“项目成果在现代化大型生产线实施产业化及推广应用，构建了清洁生产与末端治理相结合的水污染全过程控制新模式，所推广应用的企业，其清洁生产技术达到国际领先水平，单位产量废水和COD排放指标远优于欧盟标准，为造纸行业新旧动能转换和绿色制造提供了示范。”团队成员骄傲地说道。

如今，项目所研发的制浆造纸清洁生产与水污染全过程控制技术，已在山东太阳纸业股份有限公司、山东华泰纸业股份有限公司等10家大中型造纸企业的制浆造纸生产线上及末端废水处理中应用，目前，又推广应用到山东、广西、河南、河北等地的制浆造纸企业，提高了产能覆盖率。

据悉，在该项目的推动和全行业共同努力下，造纸行业废水与COD排放总量比2011年下降38.2%和55%，低于多个重点排污行业，摘掉了“污染大户”的帽子，完成了国家提出整治造纸行业水污染的这一重要任务。

“造纸业的污染问题，总算是得到了基本解决。”陈克复如释重负，“导师生前的两个愿望，我们算是圆了其一，希望我们的学生，能继续努力攻克难题，取得新成就。”

《学习强国》平台报道

学习强国平台报道

2月8日，《光明日报》报道了中国工程院院士、2019年度国家科技进步奖一等奖得主、华南理工大学教授陈克复的科研事迹。报道于2月11日登上学习强国教育平台。

中国电信 下午5:06 27%

学习强国 xuexi.cn

2020 年 02 月 11 日

陈克复：让造纸不再与污染画等号

来源：光明日报

作者：王忠耀 吴春燕

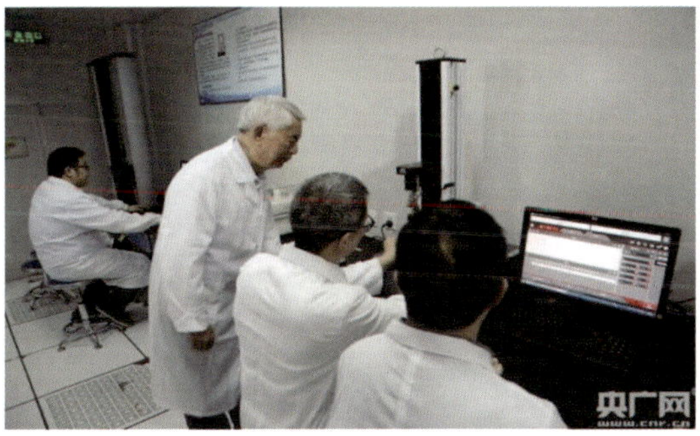

陈克复和他的团队 图片来源：央广网

"我的导师生前曾对我说，中国造纸业的问题一个是污染，一个是设备落后，这两个问题他一辈子都解决不了，希望我这一辈子来解决。我们总算做了一些工作，把污染问题基本解决

欢迎发表你的观点

中国电信 下午5:07 27%

学习强国 xuexi.cn

2020 年 01 月 11 日

【科教一线】华工陈克复院士团队：用10年摘掉造纸业"排放大户"黑帽

作者：张璐瑶 华轩

广东学习平台 ＋订阅

"中国的造纸，一个是污染，一个是设备落后。我这辈子是解决不了，希望你这辈子来解决。"几十年来，恩师、造纸著名专家隆言泉先生的这句话一直深深印刻在陈克复的脑海里。

2020年1月10日，中国工程院院士、华南理工大学教授陈克复团队主持完成的项目《制浆造纸清洁生产与水污染全过程控制关键技术及产业化》荣获2019年度国家科技进步一等奖。

记者了解到，这也是广东省内高等学校牵头获

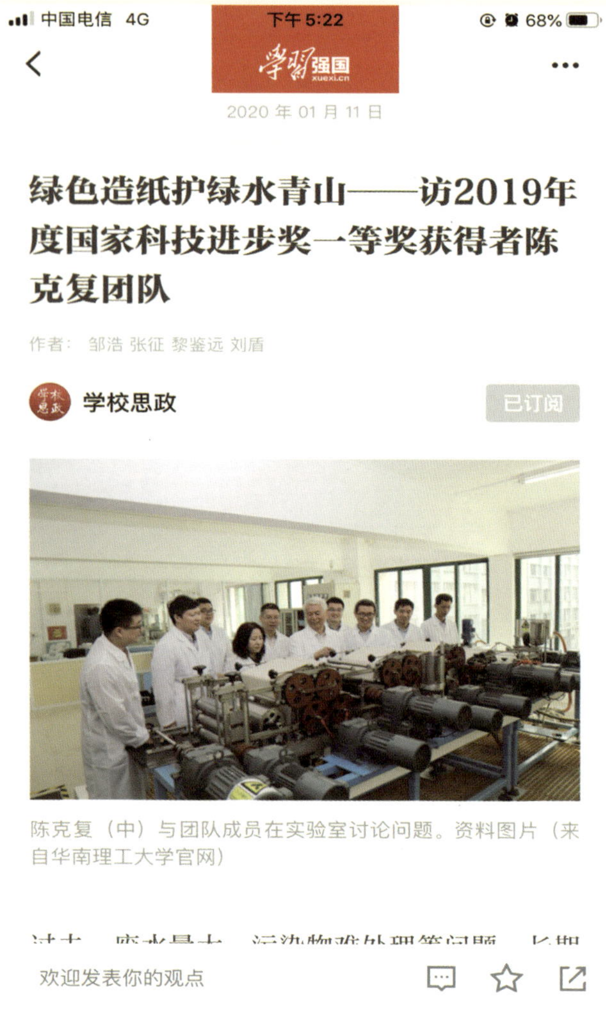
中国电信 4G 下午 5:22 68%

学习强国 xuexi.cn

2020 年 01 月 11 日

绿色造纸护绿水青山——访2019年度国家科技进步奖一等奖获得者陈克复团队

作者： 邹浩 张征 黎鉴远 刘盾

学校思政 已订阅

陈克复（中）与团队成员在实验室讨论问题。资料图片（来自华南理工大学官网）

欢迎发表你的观点

▶1月11日“学校思政”公众号转载报道

2020年1月11日，“学校思政”公众号转载《中国教育报》1月11日对华南理工大学陈克复院士科技创新团队获2019年度国家科技进步奖一等奖的相关报道。

（第四部分内容由陈克复、李金鹏汇编）

5

第五部分

国家科技进步奖一等奖申报过程

提名书准备与提交

国家科学技术奖励工作办公室通知

2018年11月7日，国家科学技术奖励工作办公室（以下简称“国家奖励办”）发出2019年度国家科学技术奖励提名工作的通知。

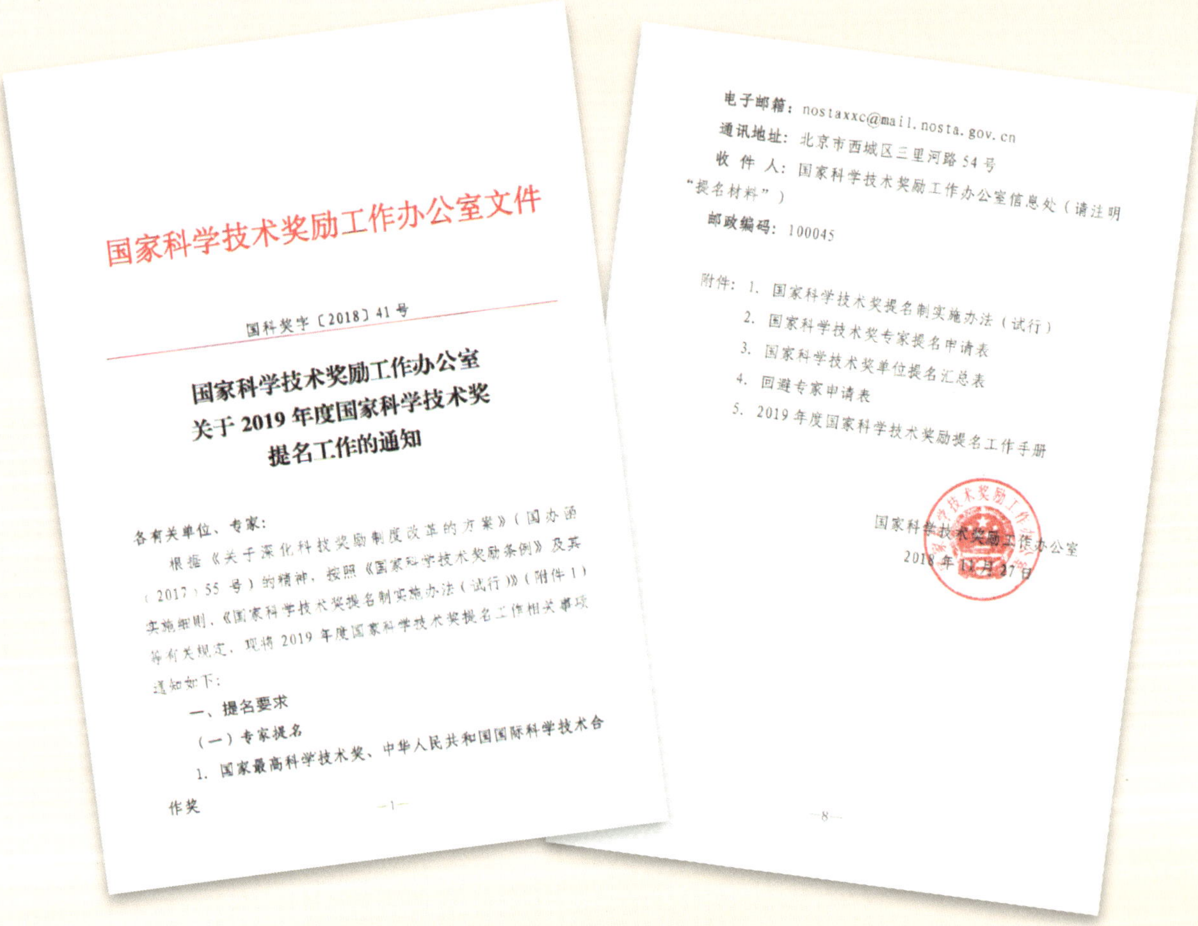

国家科学技术奖励工作办公室文件

国科奖字〔2018〕41号

国家科学技术奖励工作办公室
关于2019年度国家科学技术奖
提名工作的通知

各有关单位、专家：

根据《关于深化科技奖励制度改革的方案》（国办函〔2017〕55号）的精神，按照《国家科学技术奖励条例》及其实施细则、《国家科学技术奖提名制实施办法（试行）》（附件1）等有关规定，现将2019年度国家科学技术奖提名工作相关事项通知如下：

一、提名要求

（一）专家提名

1. 国家最高科学技术奖、中华人民共和国国际科学技术合作奖

—1—

电子邮箱： nostaxxc@mail.nosta.gov.cn

通讯地址： 北京市西城区三里河路54号

收 件 人： 国家科学技术奖励工作办公室信息处（请注明“提名材料”）

邮政编码： 100045

附件：1. 国家科学技术奖提名制实施办法（试行）

2. 国家科学技术奖专家提名申请表

3. 国家科学技术奖单位提名汇总表

4. 回避专家申请表

5. 2019年度国家科学技术奖励提名工作手册

国家科学技术奖励工作办公室

2018年11月7日

—8—

教育部科技司的提名通知

2018年11月20日教育部科技司发出提名通知。

教 育 部 司 局 函 件

教技司〔2018〕455号

教育部科技司关于组织开展2019年度国家科学技术奖教育部提名工作的通知

各省、自治区、直辖市教育厅（教委），新疆生产建设兵团教育局，部属各高等学校：

根据《国家科学技术奖励工作办公室关于2019年度国家科学技术奖提名工作的通知》（国科奖字〔2018〕41号，以下简称《通知》）部署，为做好教育部提名工作，现将有关事项通知如下：

一、基本条件

拟通过教育部提名的项目/人，必须符合《通知》要求，同时满足以下条件：

1.被提名项目第一完成人/被提名人所在单位必须为高校。

2.已获得省部级一等奖（含）及以上奖励（包括2018年度已推荐的直报项目和2018年度高等学校科学研究优秀成果奖拟授奖项目）。

二、提名工作安排

四、联系方式

1.科技司综合处（通用项目）：

王　骁　010-66096298

张拥军　010-66096865

邮箱：zh@moe.edu.cn

传真：010-66020784

地址：北京市西城区大木仓胡同37号教育部南楼415室

2.科技司军工处（专用项目）：

阳　浩　010-66097374

李渝红　010-66096955

地址：北京市西城区大木仓胡同37号教育部南楼411室

附件：1.国家科学技术奖教育部提名汇总表（通用项目）

2.国家科学技术奖教育部提名汇总表（专用项目）

教育部科技司

2018年11月20日

2018 年 12 月 5 日，陈克复院士组织科技创新团队开会，做申报动员，并作出如下决定：

由华南理工大学、山东太阳纸业股份有限公司、山东华泰纸业股份有限公司及山东齐鲁工业大学作为完成单位，联合申报2019年度国家科技进步奖一等奖。

申报时提名书主要科技创新内容以近十年产学研科技创新团队的科技成果，特别是以完成“国家水体污染控制与治理科技重大专项”项目所获得的科技成果为基础。

由华南理工大学陈克复院士团队作为主要执笔人尽快填写申报书。

按照教育部科技司要求，填写有关表格并提交给教育部科技奖励办。

2019 年 1 月 4 日，科技创新团队召开会议，对提名书再次进行修改并定稿

在修改会上，参会代表对主要科技创新点认真讨论，逐字、逐句思考认定，以严谨的科学态度，有理有据、简明扼要地论述了几方面的科技创新。

确定要提交给教育部科技奖励办的提名书主要完成人名单。尽管参与本项目工作的科技人员众多，但根据规定只能选择15名作为主要完成人。

2019 年 1 月 11—17 日，教育部对拟提名 2019 年度国家科学技术奖项目进行公示

Languages 微言教育

中华人民共和国教育部

Ministry of Education of the People's Republic of China

当前位置：首页 > 教育部司局机构 > 科学技术司

教育部拟提名2019年度国家科学技术奖项目公示（公示已结束）

根据《国家科学技术奖励工作办公室关于2019年度国家科学技术奖提名工作的通知》（国科奖字〔2018〕41号）相关要求，现将教育部拟提名2019年度国家科学技术奖的129项通用项目予以公示（专用项目在适当范围内公示）。其中，最高科技奖5项，自然科学奖59项，技术发明奖25项，科技进步奖40项。

公示期为2019年1月11-17日。任何单位或者个人对公示项目和项目主要完成人、主要完成单位持有异议的，可以书面形式向我司提出，并提供必要的证明材料。为便于核实查证，确保客观公正处理异议，提出异议的单位或者个人应当表明真实身份，并提供有效联系电话和地址。以单位名义提出异议的，须由单位法定代表人在书面异议材料上签字并加盖本单位公章；个人提出异议的，须签署真实姓名。凡匿名、冒名或超出期限的异议不予受理。

联系方式：北京市西城区大木仓胡同37号教育部科技司综合处（南楼412），邮政编码：100816。

教育部科技司

2019年1月11日

扫一扫分享本页

来源：科技司 （责任编辑：刘潇翰）

▶ **根据教育部科技奖励办的要求，需要对提名书个别地方进行修改。**

2019年1月16日，项目完成人陈克复、徐峻前往北京，当天在教育部对面的酒店大堂，根据教育部奖励办的意见，进一步修改整理提名书材料。

修改完毕，于当天下午提交教育部奖励办。

准备初评答辩

主要完成人分头准备初评答辩的有关内容

2019年4月22日，主要完成人张凤山（山东华泰纸业股份有限公司）、乔军（山东太阳纸业股份有限公司）、张伟（山东太阳纸业股份有限公司）等来到华南理工大学，进一步修改拟在初评会上汇报的PPT框架。

▶2019年4月28—29日

陈克复院士等到山东太阳纸业、山东华泰纸业股份有限公司再次考察并核查创新技术的应用，为初评答辩做准备。

项目通过网评

2019年5月6日得知科技创新团队申报国家科技进步奖一等奖已通过网评（网评结果公示如下）

推荐号	项目名称（候选人）	评审组
303-4027	制浆造纸清洁生产与水污染全过程控制关键技术及产业化	轻工组

主要完成人集中开会准备初评答辩

2019年5月15日，主要完成单位和主要完成人集中开会，再次修改初评答辩时汇报的PPT，并研究讨论评审专家可能提出的问题。

讨论问题：

（1）PPT的架构，PPT所述创新点，PPT中每点创新的内容布局及图片资料。

（2）评审专家可能提出的问题，以及准备如何回答。

（3）陈克复院士准备初评答辩时用的手稿样本。

项目主要完成人于华南理工大学开会，再次商议汇报PPT的内容

是否参加答辩	答辩地点	会议日期	答辩时间	专家提问
参加答辩	广东		-	-

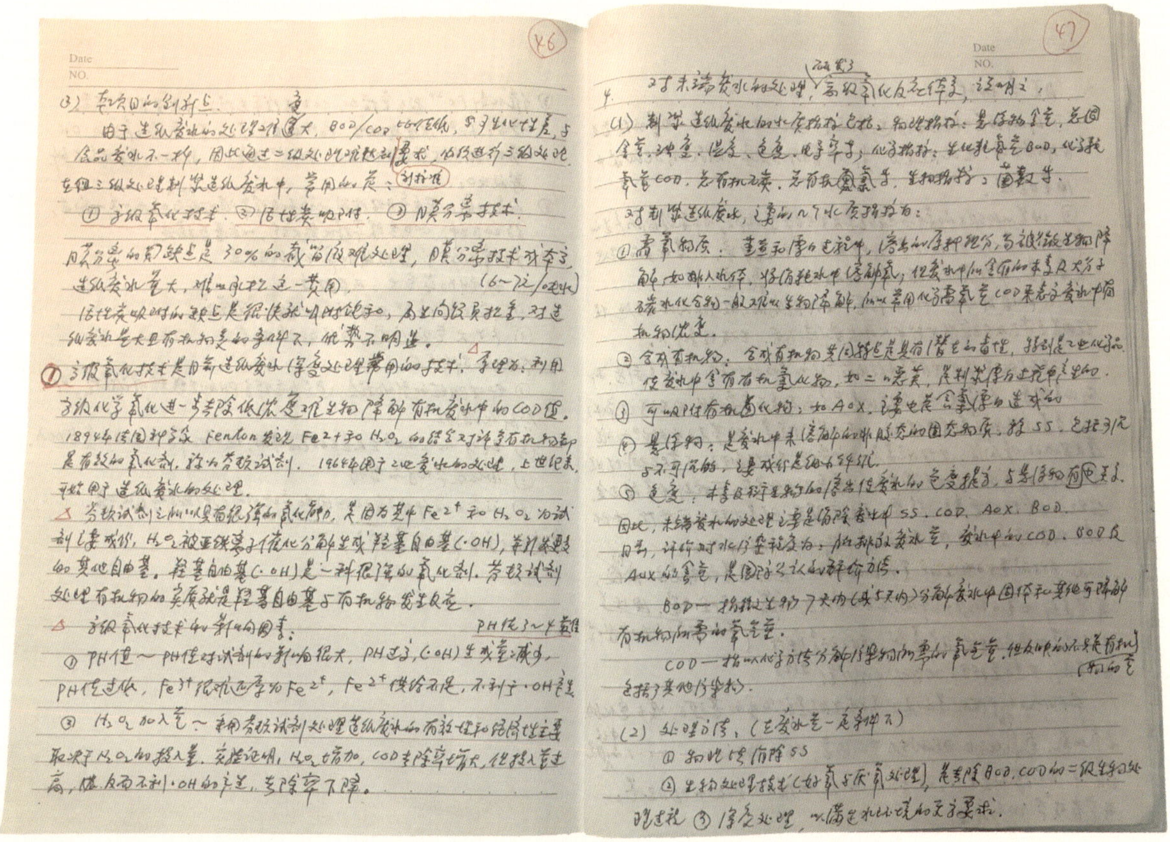

陈克复院士答辩手稿样本

2019年5月16—20日

主要完成人再次到山东太阳纸业及山东华泰纸业进行考察，为初评答辩做进一步准备。

考察工作内容：

（1）考察科技创新技术应用后操作单元的水污染物排放情况，并查阅有关报表；

（2）考察创新技术应用后产品质量情况；

（3）根据考察情况，进一步修改完善汇报的PPT。

国家奖励办关于初评答辩的通知

2019年5月13日，国家奖励办发布关于2019年度国家科学技术奖初评答辩的通知。

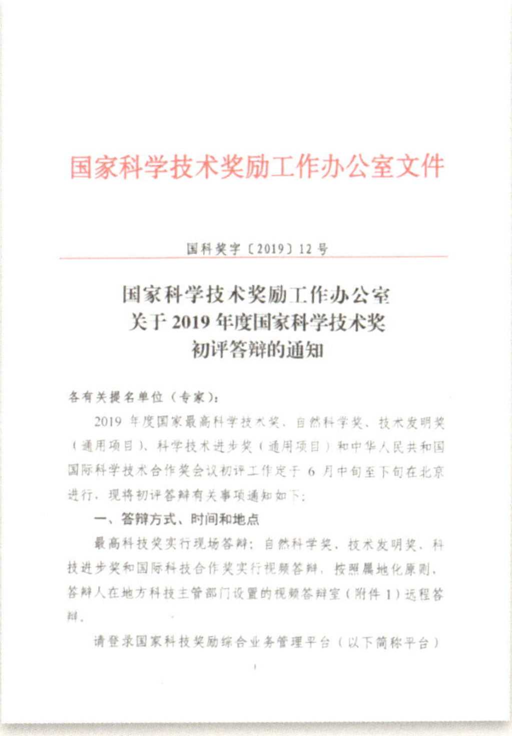

国家科学技术奖励工作办公室文件

国科奖字〔2019〕12号

**国家科学技术奖励工作办公室
关于2019年度国家科学技术奖
初评答辩的通知**

各有关提名单位（专家）：

2019年度国家最高科学技术奖、自然科学奖、技术发明奖（通用项目）、科学技术进步奖（通用项目）和中华人民共和国国际科学技术合作奖会议初评工作定于6月中旬至下旬在北京进行，现将初评答辩有关事项通知如下：

一、答辩方式、时间和地点

最高科技奖实行现场答辩；自然科学奖、技术发明奖、科技进步奖和国际科技合作奖实行视频答辩，按照属地化原则，答辩人在地方科技主管部门设置的视频答辩室（附件1）远程答辩。

请登录国家科技奖励综合业务管理平台（以下简称平台）

1

审工作纪律》（可在我办网站 http://www.nosta.gov.cn 查阅），共同营造公平公正的评审环境。如发现有违反规定的行为，一经查实，严肃处理。

5. 请各省区市提名单位将答辩安排及时通知本地视频答辩室工作人员，做好组织协调和技术保障工作，保证设备支持发送双流。

六、联系人及联系方式

联 系 人：徐森、樊颖

联系电话：010-68583070、68598395

电子邮箱：nostaxxc@mail.nosta.gov.cn

附件：1. 各地视频答辩室联系信息表

2. 国家科学技术奖初评答辩回执

国家科学技术奖励工作办公室

2019年5月13日

教育部组织预答辩

2019年5月31日14:00—18:00，教育部在中国地质大学（北京）国际会议中心组织教育部提名项目（通过网评）进行预答辩，本项目的预答辩时间被安排在17:05—17:30。

教育部2019年度国家奖预答辩项目分组及时间安排

序号	提名号	奖种		评审组	预答辩分组	预答辩地点	预答辩时间
1	303-2012	自然	软材料与生物软组织的表面失稳力学研究	力学组	材料组	中国地质大学（北京）国际会议中心第一会议室	14:10-14:35
2	303-2022	自然	拓扑量子材料制备与量子特性的实验研究	物理与天文学组	材料组		14:35-15:00
3	303-2003	自然	磁性纳米材料构筑与多功能调控	材料科学组	材料组		15:00-15:25
24	303-4004	进步	水煤浆水冷壁气化炉系列技术及产业化	化工组	化学化工组	中国地质大学（北京）国际会议中心第四会议室北京市海淀区学院路30号	14:10-14:35
25	303-4006	进步	煤矸石山自燃污染控制与生态修复关键技术及应用	环境保护组	化学化工组		14:35-15:00
26	303-2014	自然	土的统一硬化本构理论	工程技术科学组	化学化工组		15:00-15:25
27	303-4029	进步	恶劣海况下超柔透空新型结构关键技术及应用	土木建筑组	化学化工组		15:25-15:50
28	303-2024	自然	上转换发光纳米材料的功能调控与活体示踪研究	化学组	化学化工组		15:50-16:15
29	303-2028	自然	复杂样品的高效分离分析研究	化学组	化学化工组		16:15-16:40
30	303-3025	发明	化学-酶级联法烟酰胺生产成套技术及其产业化	化工组	化学化工组		16:40-17:05
31	303-4027	进步	制浆造纸清洁生产与水污染全过程控制关键技术及产业化	轻工组	化学化工组		17:05-17:30
32	303-2006	自然	Pinkall-Sterling猜想和超曲面几何的研究	数学组	电子信息组	中国地质大学（北京）国际会议中心第六会议室北京市海淀区学院路30号	14:10-14:35
33	303-2045	自然	时延系统的鲁棒控制理论与方法	信息科学组	电子信息组		14:35-15:00
34	303-2008	自然	动态系统运行安全性评估理论与方法	信息科学组	电子信息组		15:00-15:25
35	303-3001	发明	非结构化数据管理与分析关键技术及应用	电子信息组	电子信息组		15:25-15:50
36	303-4018	进步	功率高压MOS芯片关键技术与应用	电子与科学仪器组	电子信息组		15:50-16:15
37	303-2051	自然	生产全流程多目标动态优化决策与控制一体化理论及应用	信息科学组	电子信息组		16:15-16:40

广东省科技厅组织预答辩

2019年6月5日，广东省科技厅在其一楼会议室组织省内申报国家科技奖励的项目进行预答辩。

2019年6月5日下午14:00—18:00（每个项目40分钟）				
序号	项目名称	提名单位	第一完成人	第一完成人单位
1	房间空调器宽温域均流送风关键技术研究及产业化	中国轻工业联合会	李金波	广东美的制冷设备有限公司
2	制浆造纸清洁生产与水污染全过程控制关键技术及产业化	教育部	陈克复	华南理工大学
3	高端电子制造装备高速高精点位操作的关键技术与典型应用	广东省	陈新	广东工业大学
4	高端印制电路板高效高可靠性微细加工技术与应用	广东省	王成勇	广东工业大学
5	大容量高效离心式空调设备关键技术及应用	中国节能协会	刘华	珠海格力电器股份有限公司

2019年6月7日至14日一周内

根据预答辩时教育部及广东省科技厅专家提出的问题，修改汇报稿PPT，使PPT质量进一步提高。

第一完成人陈克复院士与徐峻教授在学校电教室录制视频，并经过多次修改。

幻灯片 1

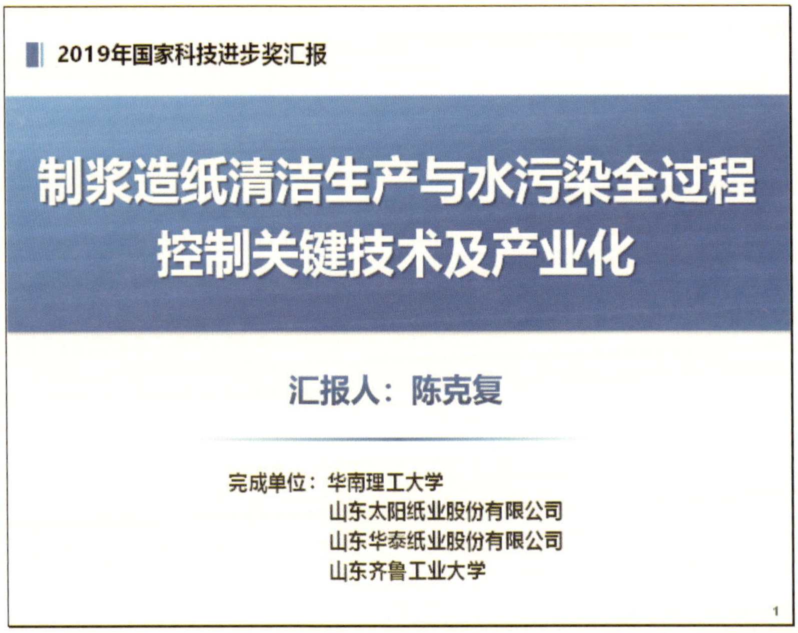

各位专家，我是第一完成人陈克复，代表研发团队汇报《制浆造纸清洁生产与水污染全过程控制关键技术及产业化》项目。

2019年6月21日

向科技部奖励办正式提交答辩PPT及视频。

2019年6月24日

项目完成单位的主要完成人在华南理工大学集中，准备并迎接初评答辩。

初评答辩

附件 2

国家科学技术奖初评答辩回执

项目（候选人）名称	制浆造纸清洁生产与水污染全过程控制关键技术及产业化			
奖　种	进步奖			
评 审 组	轻工组			
提名单位（专家）	教育部			
答辩开始时间	2019 年 6 月 26 日 9 时 00 分			
答辩地点	广州市越秀区连新路 171 号科技信息大楼一楼会议室			
答 辩 人	姓名	身份	工作单位及职务	移动电话
提名者	李洪信	提名者委托代表	山东太阳纸业股份有限公司，董事长	13905375888
完成方	陈克复	第 1 完成人	华南理工大学，教师	13922785285
	应广东	第 2 完成人	山东太阳纸业股份有限公司，总工程师	13905375808
	徐　峻	第 3 完成人	华南理工大学，教师	13828470869
	张凤山	第 4 完成人	山东华泰纸业股份有限公司，总工程师	13954693456
备　注				

说明：1.“身份”一栏，填写以下四项之一：提名单位人员，提名专家，提名者委托代表，第几完成人；2. 该回执会前五天上传平台；3. 项目完成人和最高奖候选人不能作为提名者。

1

答辩时间： 2019年6月26日上午9时00分至上午9时25分

地点： 广东省科技厅一楼会议室（视频答辩）

答辩会程序： 视频PPT汇报10分钟，专家提问15分钟。

初评答辩后，山东太阳纸业股份有限公司李洪信董事长（前排左四）与参会的项目主要完成人合影

（根据现场录音整理，保留原文。）

专家提问及第一完成人陈克复院士的回答

专家（一）提问：你（们）的项目将黑液的提取率，从95%提高到99%，从理论上、工艺上和设备上有哪些创新？

陈克复院士回答专家提问：我回答专家提的问题，对黑液的提取，在理论上，我们做了很多的研究，我们发现，黑液在提取的过程中，黑液与提取装备的边界层粘滞力决定了提取的效率。边界层的粘滞力受到多方面的影响，比如说温度、流速以及设备材料，就是与黑液接触表层的材料。但是，还有一个主要因素就是黑液固含量，我们发现，它是受到干固形物含量的影响，固形物的含量如果增加，黑液黏度提高，那么粘滞力就上来了，这个实验我们做了很多，有这两个发现之后，我们就针对这两个理论发现，就是一个固形物含量的影响，一个是表层粘滞力的影响，当然粘滞力又受到固含量的影响，因此呢，我们就根据理论研究的发现，对工艺进行了改革，一个就是在工艺上，我们想办法搞低固含量的、低固形物的黑液，这样的话，黑液就比较好提取了；第二个呢，就是想办法破坏它的边界层，破坏黑液和提取设备的表层的边界层。原料三组分的连续分离，就让我们取得了低固含量的黑液；在工艺上又通过一种置换、扩散和挤压的方法，就达到破坏边界层的目的。在工艺上，我们就采取了这两种方法，通过这两个工艺的实施，我们的提取率是比较高的，目前已经提高到99.2%，在国际上，这个数值是最高的，还没有看到有关的报道，黑液的提取率能达到这么高的程度。在装备方面，为了保证这个工艺的完成，我们提出耦合DD洗浆机和双辊压榨洗浆机，达到既有置换，又有扩散，又有挤压这么个效果。我们在装备方面，就是目前把这两台大型设备给它耦合起来，能保证我们工艺的完成。我回答问题完毕。

专家（二）提问：我提一个问题，就是环保问题呀，还有成本问题，如果采用你们这样的技术，生产成本增加大概是什么样的？

陈克复院士回答专家提问：我回答专家提的问题，我们的这个项目最主要的宗旨就是实现清洁生产与水污染全过程控制，提高水重复利用率和反应效率，这样我们就降低了清水、蒸汽和化学品的用量，因为我们水用得少了，我们的化学品用量就会相应减少，因为它的浓度增加了，能够起到相同的作用之下，化学品的用量就可以减少，并减少纤维的损失，所有这些都是我们这个清洁生产与水污染全过程控制的目的。让我们讨论一下生产成本方面，看起来，好像用了我们的技术可能会升高，实际上不是这样的，因为清水少了，蒸汽少了，化学品用量少了，我们的成本呢，还有不同程度的降低，有些降低还比较多。比如说化机浆，用低浓废水处理，采用本项目的技术，吨浆废水的处理可以节约88元，我们可以通过计算，可以算出来，如果不这样处理，通过常规处理，我们也要算出它要多出多少钱。那么，这88元就是我们申报书中所写的吨浆节约88元，就是化机浆每吨浆的废水处理会节约88元。另外呢，组合蒸发成本比我们常规的多效蒸发器的蒸发成本也下降了40%。还有很多，比如说废纸制浆，我们采用近中性脱墨，那么近中性脱墨比起碱性脱墨，我们处理脱墨的方法促使化学品用量减少了，废水更易处理了，我们按照生产过程的情况，是下降了40元/吨浆。因此，在我们5个创新技术里面，除了第4个创新技术是废料回用之外，另外4个技术都是在降低成本。最后的末端废水处理这方面我们也算上，它的成本下降10%以上。从这可以看出，使用新的技术，综合成本不但没有升高，反而降下来了，以上就是我对专家所提问题的回答，谢谢。

专家（三）提问：我提一个问题，就是你们这个技术是通过装备来实现，在这个创新方面你们做了哪些工作？特别是在智能化方面做了那些工作？

陈克复院士回答专家提问：我们要想实现创新技术，我想由于是成套技术，肯定对工艺和装备是一块考虑的，不管是装备的设计和加工，都需要工艺来提供工艺技术，工艺参数，以及技术指标等，而设备就要来保证工艺的完成，在这里面，我思考了一下，我们有几个装备做得比较好的。第一个就是植物原料的三大组分连续分离的装备，这个问题一直是国际上大家都在研究的问题，但是，没有一家是在现实生产中实现的，没有一家在工程上完成这一技术。三大组分连续分离，都是发表了很多的文章，就是我们这个科技创新团队，首创了实现三大组分连续分离的关键技术装备，突破了国际上的难题。第二个典型例子就是我们用MVR，就是机械蒸汽再压缩蒸发的装备，用到化机浆的低浓废水中。大家都知道，各位专家也都很清楚，化机浆这个低浓的废水如果靠常规的技术来处理，一个是花钱太多，低浓，1.5%；第二呢，他有很多的固含物、污染物，COD达到10000mg/L以上，如要按常规的处理，即三步来处理，即厌氧、耗氧和深度处理的话COD的含量也只能达到300-400mg/L的，因此，还达不到国家标准的要求。通过对MVR热交换过程及原理的研究，研发了各项技术，如二次蒸汽的净化、快速除垢、热泵的控制等，解决了应用中的多项问题。这样，我们首创了用MVR，也就是机械蒸汽再压缩蒸发的基本装备用于化机浆的废水蒸发，这个在中国还是第一家用在化机浆废水的处理，这也是一个国际领先水平的装备。第三个就是我们在第四个核心创新里边，就是半化学浆的全套大型过程装备，这个用木片筛余物生产半化学浆全套的大型国产化装备，那是我们（我国）唯一的一个生产线，现在是年产10万吨，全部是国产化装备，当然，设计及装备都是国内原创，也是我们创新团队自己共同来完成的。当然，还有太多装备，比如说，在末端废水处理的那个核心创新里边，厌氧沼气的提纯的国产化装备，也是我们创新团队自己设计的，这些可以说都是，就是我刚才汇报过的，都是达到世界领先水平。在智能化方面呢，我们也是做了不少工作，因为现代化的装备，必须提高自动化、智能化程度。比如说，我们做过这样的工作，通过对原料水分、木素等信息的采集和分析，实现对黑液的固形物含量的智能调控，自动调控；那么对于纸浆的残余木素含量，来调控化学品的用量，即通过对应的关系、函数关系来调控纸浆的化学品用量。还有呢，就是我们在中高浓纸浆输送装置的研究，以前我们的中浓输送都是10-11%的浓度输送，我们现在已经达到13-14%，接近15%这个高浓，因为我们的纸浆浓度在15%以上，就属于高浓输送，就不能再用流态化、流体化的方法来输送了，只能用机械的方法来输送。那么，我们对中高浓纸浆的输送装置的自动调节系统，我们也是通过智能控制的。另外，我们在水的循环利用过程当中的智能化控制，也是创新团队在这方面进行的研究。还有很多，我就不再一一介绍了。我的回答完毕，谢谢各位专家。

还有3位专家的提问，由于提问内容涉及面较广，这里不详细叙述。

▶ 2019 年 7 月 12 日

国家奖励办对通过初评的项目进行公示。

2019/7/12　　2019年度国家科技进步奖初评通过项目（通用项目）

25	油气工程组	中国西部海相碳酸盐岩层系构造-沉积分异与大规模油气聚集	刘树根，蔡勋育，何登发，侯明才，周 文，曹俊兴，刘 波，陈学华，文华国，孙 玮	成都理工大学，中国石油化工股份有限公司，中国地质大学（北京），北京大学	四川省	二等奖
26	油气工程组	薄储层超稠油高效开发关键技术及应用	孙焕泉，张宗檩，束青林，王顺华，杨元亮，胡 渤，吴光焕，孙建芳，谢志勤，伦增珉	中国石油化工股份有限公司胜利油田分公司，中国石油化工股份有限公司石油勘探开发研究院	中国石油化工集团有限公司	二等奖
27	轻工组	制浆造纸清洁生产与水污染全过程控制关键技术及产业化	陈克复，应广东，徐 峻，张凤山，李 军，曹衍军，乔 军，李晓亮，莫立焕，安庆臣，冯郁成，曾劲松，周景蓬，张 伟，韩文佳	华南理工大学，山东太阳纸业股份有限公司，山东华泰纸业股份有限公司，齐鲁工业大学	教育部	一等奖
28	轻工组	玉米精深加工关键技术创新与应用	刘景圣，闵伟红，王玉华，龚魁杰，刘晓兰，郑明珠，许秀颖，蔡 丹，孙纯锐，武丽达	吉林农业大学，山东省农业科学院作物研究所，齐齐哈尔大学，吉林天景食品有限公司，诸城兴贸玉米开发有限公司，黄龙食品工业有限公司，保龄宝生物股份有限公司	吉林省	二等奖

http://www.nosta.gov.cn/upload/2019cpgs/xm/2019cpjb.html

评审专家组实地考察

国家奖励办组织专家对通过初评的一等奖项目进行实地考察

2019年7月19日，国家奖励办通知要组织专家组对通过初评的“制浆造纸清洁生产与水污染全过程控制关键技术及产业化”项目进行实地考察。

2019年7月8—28日

项目主要完成人为国家科技奖励办专家组实地考察做准备，对30分钟的汇报PPT进行多次修改，最后定稿。

2019年7月30日

项目主要完成人集中在山东太阳纸业股份有限公司，为国家科技奖励办专家组实地考察做好进一步的准备。

2019年8月1日，国家奖励办领导及国家奖励办考察专家组到达

下午，国家奖励办领导及国家奖励办考察专家组到达山东太阳纸业股份有限公司。

考察专家

数量	姓名	单位	职务
1	黄　维	西北工业大学常务副校长（化工初评组组长）	科学院院士
2	张　偲	中科院南海海洋研究所（轻工食品初评组组长）	工程院院士
3	陈文兴	浙江理工大学（纺织初评组组长）	校长
4	陈　勇	中科院广州能源研究所，广东省科协（环境工程初评组组长）	工程院院士

科技部科技奖励办领导及工作人员

数量	姓名	单位	职务
1	高洪善	国家奖励办	副主任
2	李　冰	国家奖励办工业处	处长
3	陆兴舟	国家奖励办工业处	主管
4	谭勤良	教育部科技司	副司长
5	王　骁	教育部科技司综合处	副主任科员

承担单位负责人及有关领导到达山东太阳纸业，协助项目主要完成人完成这次专家组的实地考察。

数量	姓名	单位	职务
1	李　耀	中国造纸学会	副理事长
2	周木堂	广东省科学技术厅	副巡视员
3	严军华	广东省科学技术厅成果转化与区域创新处	处长
4	于洪文	山东省科学技术厅	副厅长
5	冷振喜	山东省科技厅成果与区域处	副处长
6	李　斌	济宁市科技局	局长
7	王　骁	济宁市兖州区	区长
8	薛启利	济宁市科技局	副局长
9	褚福梅	济宁市兖州区人民政府	副区长
10	周生建	济宁市兖州区科技局	局长
11	朱　敏	华南理工大学	副校长
12	杨　杰	华南理工大学	科技处副处长
13	李洪信	山东太阳纸业	董事长，总经理
14	吉兴香	齐鲁工业大学	科技处副处长

项目主要完成人

数量	姓名	单位	职务
1	陈克复	华南理工大学	教授，中国工程院院士
2	应广东	山东太阳纸业	总工程师，副总经理
3	徐　峻	华南理工大学	教授级高级工程师
4	张凤山	山东华泰纸业	总工程师
5	李　军	华南理工大学	教授，轻工科学与工程学院副院长
6	曹衍军	山东太阳纸业	副总经理
7	乔　军	山东太阳纸业	副总工程师
8	李晓亮	山东华泰纸业	董事长
9	莫立焕	华南理工大学	高级工程师
10	安庆臣	山东太阳纸业	生产部经理
11	冯郁成	华南理工大学	高级工程师
12	曾劲松	华南理工大学	教授级高级工程师
13	周景蓬	山东华泰纸业	高级工程师
14	张　伟	山东太阳纸业	技术部经理
15	韩文佳	齐鲁工业大学	副教授，副主任

▶ 2019 年 8 月 2 日上午 8:30—12:00，考察专家组开始进入考察程序

考察程序

时间	内容	主持人
7:40—8:00	从太阳纸业的圣德国际酒店出发，乘车到山东太阳纸业办公大楼	
8:00—8:05	国家奖励办介绍参会专家和领导	国家奖励办主持
8:05—8:10	太阳纸业李洪信董事长致辞	
8:10—8:15	华南理工大学朱敏副校长致辞	
8:15—8:20	广东省科技厅周木堂副巡视员致辞	
8:20—8:25	教育部科技司檀勤良副司长讲话	
8:25—8:30	国家奖励办领导讲话	
8:30—9:00	项目汇报（第一完成人陈克复）	考察专家组组长主持
9:00—9:05	山东华泰纸业张凤山总工程师介绍项目技术在华泰纸业实施情况	
9:05—9:10	中国造纸学会李耀副理事长讲话	
9:10—10:50	乘车考察创新技术应用实施现场	
10:50—11:10	返回圣德国际酒店	
11:10—11:40	考察组审阅相关材料、提问、交流	
11:40—12:00	考察组讨论、形成考察意见	
12:00	考察活动结束	国家奖励办主持

山东太阳纸业李洪信先生致欢迎词，对考察组专家及领导、对各级领导到达太阳纸业考察表示欢迎和感谢。

项目第一完成人陈克复院士代表项目完成单位向考察组汇报PPT（30分钟）。

参会的考察专家组专家

陈克复院士代表项目完成单位及项目完成人向考察专家组汇报

专家提问

专家提问

专家所提问题集中在创新技术的应用情况。由山东太阳纸业董事长李洪信先生、总工程师应广东教授级高工及山东华泰纸业总工程师张凤山教授级高工分别介绍项目创新技术的具体应用情况。

专家考察路线

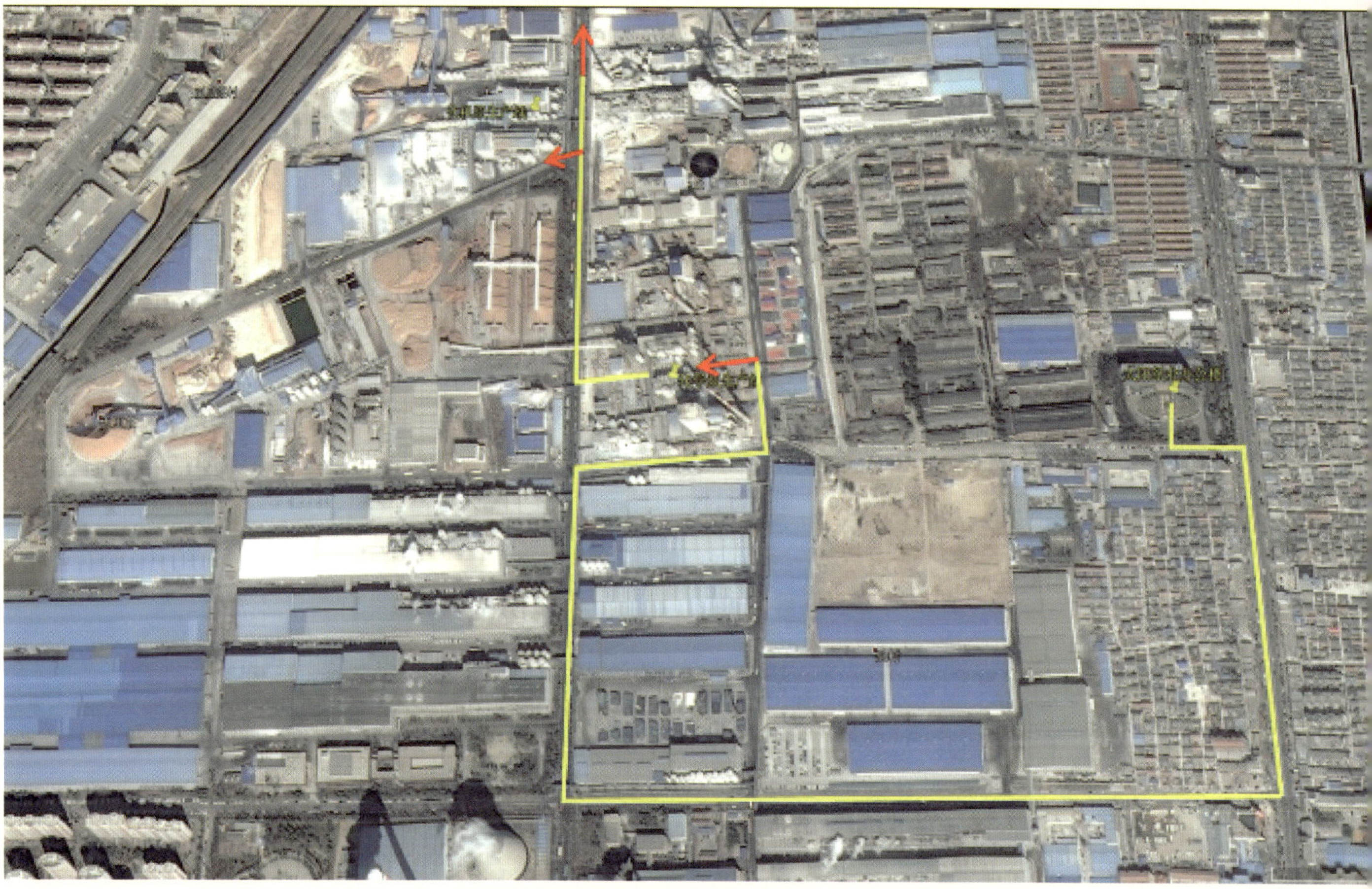

考察专家组实地考察（一）

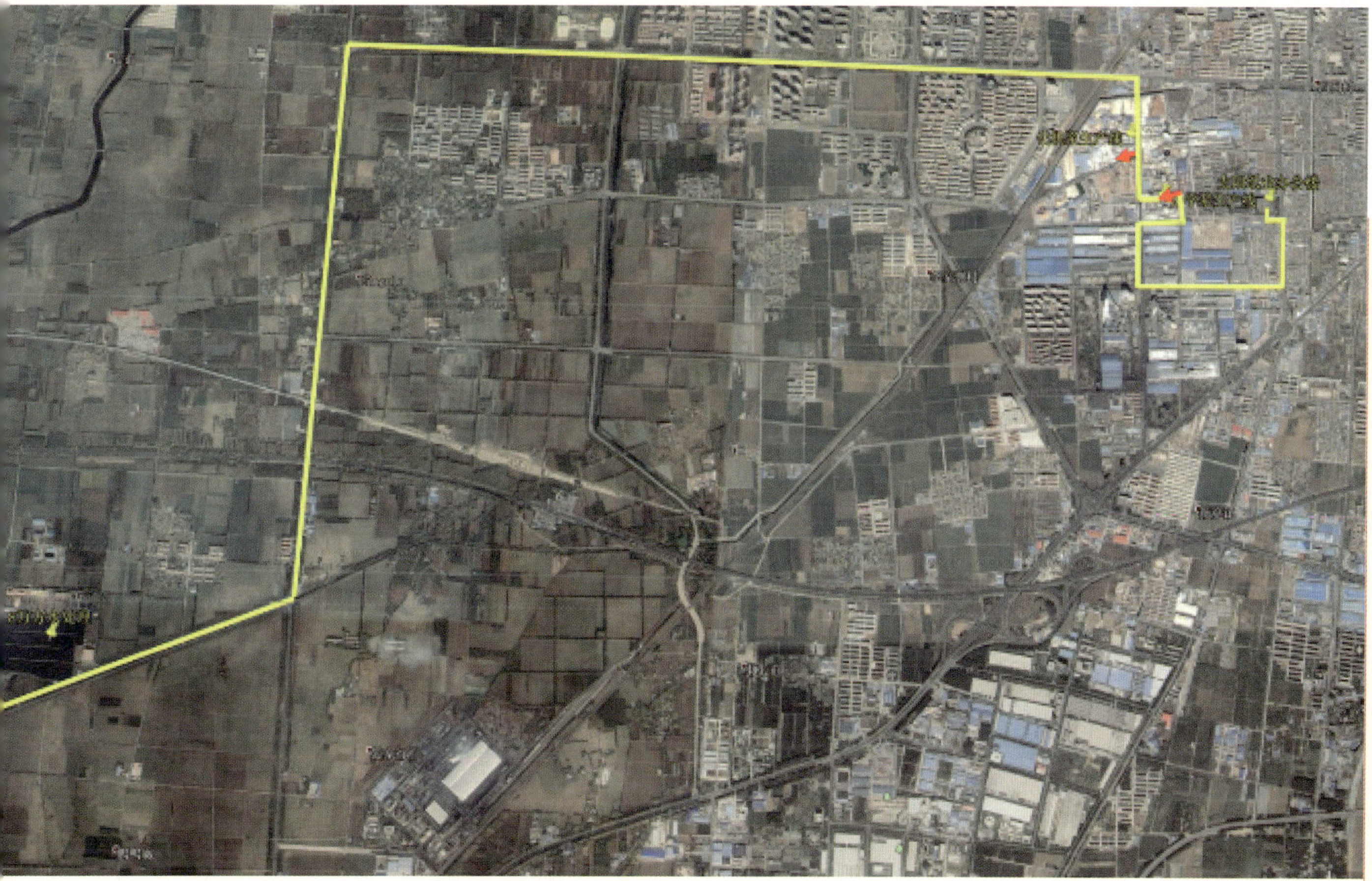

考察专家组实地考察（二）

考察专家组实地考察（三）

考察专家组实地考察（四）

考察专家组实地考察（五）

考察总结会议

中国造纸学会李耀副理事长代表学会讲话：

尊敬的各位专家、各位领导：

上午好！

我非常高兴能够参加今天国家奖初评通过项目“制浆造纸清洁生产与水污染全过程控制关键技术及产业化”现场考察会。

造纸工业是重要的基础原材料产业，经过近20年的快速发展和科技进步，我国造纸工业已基本实现现代化建设，技术水平不断提高。当前我国造纸工业正处于深刻战略调整期，资源与环境约束的矛盾突出，节水减排任务仍然艰巨，必然要求造纸行业寻求新的突破，加快转型升级，提高发展质量和效益。要实现上述目标，关键在于依靠技术进步，坚持用新技术改造传统产业。

山东太阳纸业、山东华泰纸业是我国造纸行业龙头企业，其技术和装备走在了世界造纸行业的前列。以华南理工大学为第一完成单位的这一项目，通过产学研紧密结合，瞄准绿色制造科技发展，服务国家生态文明建设重大需求，以源头削减污染物为切入点，革新传统生产工艺设备，研发先进适用的清洁生产技术，实现了所有主要工艺过程全面减排；创建了清洁生产与末端治理相结合的水污染全过程控制模式，实现了由“末端治理”到“全过程控制”的跨越，一举解决造纸行业污染根治难的顽疾。项目形成了系列具有自主知识产权和突破性的创新成果，代表了造纸行业最高水平和发展方向，提升了行业自主创新能力，为行业可持续绿色发展、世界造纸的技术进步做出了重大贡献，为建设“造纸强国”奠定坚实基础。

预祝该项目能顺利通过国家奖评审，获得大奖。再次对关心和支持造纸行业发展的各位领导、各位专家表示衷心的感谢！

谢谢大家！

教育部科技司谭勤良副司长讲话：

尊敬的各位专家、各位领导，项目单位及完成人代表：

上午好！

今天，由教育部提名的2019年国家科学技术奖初评通过项目“制浆造纸清洁生产与水污染全过程控制关键技术及产业化”考察会在山东太阳纸业公司召开，在此，我谨代表教育部对各位专家和领导的到来表示热烈的欢迎！

该项目是由华南理工大学、山东太阳纸业、山东华泰纸业和齐鲁工业大学等单位共同完成，以产学研用创新平台联合攻关，突破覆盖造纸行业所有主要工艺流程的清洁生产技术，形成了针对不同工艺流程的水污染全过程控制技术，解决了造纸行业面临的环境与资源约束难题。所研发的技术是国家发展改革委及原国家环保部等部委鼓励推荐的先进技术，对经济、社会和环境影响显著，为造纸行业新旧动能转换和绿色制造提供了示范。项目技术先进、成熟可靠，清洁生产技术达到国际领先水平，部分关键技术填补国内外空白，具有突出的科技创新，达到国家科学技术进步一等奖的奖励要求。

最后预祝由华南理工大学牵头的“制浆造纸清洁生产与水污染全过程控制关键技术及产业化”项目能顺利通过此次国家科学技术奖的现场考察，并最终获得授奖。祝各位专家和领导在山东期间生活愉快，身体健康，万事如意！

谢谢大家！

太阳纸业李洪信董事长讲话：

尊敬的各位院士、各位专家、各位领导：

大家上午好！

首先对各位院士、各位专家、各位领导在百忙之中莅临我们太阳纸业考察指导工作表示热烈的欢迎和衷心的感谢！

太阳纸业创立于1982年，是中国造纸行业领军企业、世界造纸前20强、中国企业500强、国家绿色工厂，2006年在深交所成功上市。目前，集团年浆纸产能750多万吨，员工一万四千余人，年销售收入突破500亿元。

在企业的发展中，我们始终把创新作为第一动力，拥有国家级企业技术中心、院士工作站、博士后科研工作站、泰山学者岗等多个高层次研发平台，是国家重点高新技术企业，先后承担了国家“863”计划、国家重大科技专项、国家科技支撑计划、国家重点研发计划、发改委、工信部等大量国家课题。

近年来，我们积极与国内高等院校、科研院所进行深入合作，研发出多项具有国际领先水平的新技术、新产品，促进了公司高质量发展。特别是在陈院士团队具体指导下的“制浆造纸清洁生产与水污染全过程控制关键技术及产业化”项目，取得了四大创新成果：一是，世界首创化机浆废水组合蒸发技术，首次实现了化机浆废水污染物的全部资源化利用；二是，世界首创化学溶解浆连续水解技术，大幅降低了废水量和COD浓度；三是，世界首创木片筛余物清洁利用技术，实现了资源的全利用；四是，末端废水深度处理工程，使废水全部达到了超低排放。这些创新成果，实现了造纸行业水污染全过程的控制，使我们的排放标准优于欧盟现行标准。很多欧洲企业到我们水处理现场参观后，都非常惊叹，表示赞赏，这项技术为我们中国造纸行业在世界上赢得了尊重，也用实际行动践行了习主席提出的“绿水青山就是金山银山”的环保理念。借此机会，向以陈克复院士为代表的研发团队致以最诚挚的谢意，是他们研发的这项技术，让我们中国的造纸企业在污染治理方面达到了世界领先水平，极大提升了中国造纸行业的清洁生产和绿色制造水平。同时，我们把这项技术成功复制到老挝“一带一路”项目上，取得了非常好的效果，得到了老挝国家主席和当地社区的高度肯定，在国际社会上展现出我们中国公司的良好形象。

希望在这次考察中，各位院士、各位专家、各位领导多给我们提出一些宝贵的意见和建议，帮助我们各项工作再上一个新台阶。我们将把这些创新成果巩固好、利用好、传播好，打造资源节约型、环境友好型企业，为建设“美丽中国”做出自己的贡献！

谢谢大家！

考察专家组考察结论

考察组于2019年8月2日对“制浆造纸清洁生产与水污染全过程控制关键技术及产业化”项目进行了现场考察，考察地点为山东太阳纸业股份有限公司。通过听取项目汇报及技术应用生产线的实际考察，形成如下意见：

（1）考察的该项目技术所应用的年产15万吨化机浆生产线及所应用的年产20万吨化学浆生产线均运行正常，生产规模与提名材料一致。

（2）考察的高效低耗机械蒸汽再压缩蒸发（MVR）技术应用于化机浆废水的蒸发预浓缩，MVR蒸发器和多效蒸发器组合的蒸发系统和共混燃烧碱回收技术实现化机浆废水的资源化利用；化学浆全组分连续蒸煮置换脱木素技术，实现木片三大组分的连续分离；蒸煮与氧脱协同的深度脱木素技术实现二者最佳协同工艺等关键技术应用后都运行良好，技术推广应用效果显著，技术成熟，具有很好的实用性和经济性，技术经济指标与提名材料一致。

（3）考察的日处理8万立方米废水处理工程，该项目技术的应用，实现了超低排放，实际废水与COD排放指标与提名材料一致。

专家组成员一致认为，项目提名书等材料真实可信，与实际相符。

▶ **2019 年 8 月 2 日下午，国家奖励办领导及考察专家组专家离开山东太阳纸业。**

国家奖励办领导及考察专家组专家离开山东太阳纸业之前，与项目部分主要完成人及完成单位领导合影

国家科学技术奖励评审委员会评审答辩（大评审）

2019 年 7 月 31 日，国家奖励办下达评审委员会评审会议答辩的通知

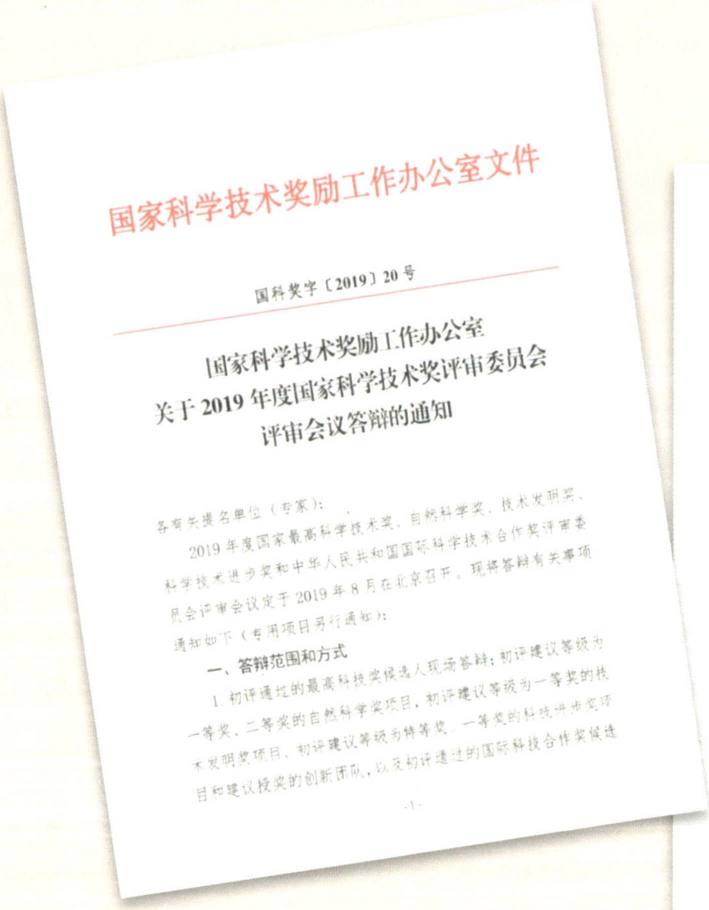

国家科学技术奖励工作办公室文件

国科奖字〔2019〕20 号

国家科学技术奖励工作办公室
关于 2019 年度国家科学技术奖评审委员会
评审会议答辩的通知

各有关提名单位（专家）：

2019 年度国家最高科学技术奖、自然科学奖、技术发明奖、科学技术进步奖和中华人民共和国国际科学技术合作奖评审委员会评审会议定于 2019 年 8 月在北京召开。现将答辩有关事项通知如下（专用项目另行通知）：

一、答辩范围和方式

1. 初评通过的最高科技奖候选人现场答辩；初评建议等级为一等奖、二等奖的自然科学奖项目，初评建议等级为一等奖的技术发明奖项目，初评建议等级为特等奖、一等奖的科技进步奖项目和建议授奖的创新团队，以及初评通过的国际科技合作奖候选

-1-

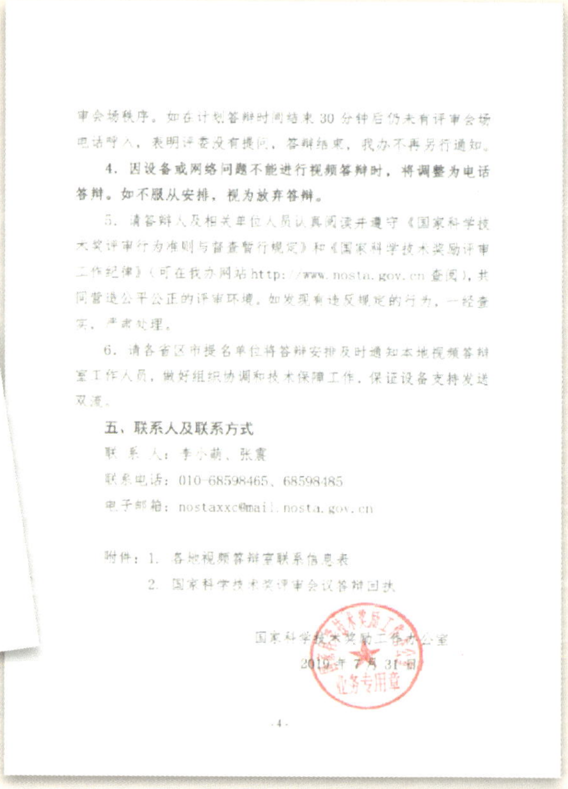

审会场秩序。如在计划答辩时间结束 30 分钟后仍未有评审会场电话呼入，表明评委没有提问，答辩结束，我办不再另行通知。

4. 因设备或网络问题不能进行视频答辩时，将调整为电话答辩。如不服从安排，视为放弃答辩。

5. 请答辩人及相关单位人员认真阅读并遵守《国家科学技术奖评审行为准则与督查暂行规定》和《国家科学技术奖励评审工作纪律》（可在我办网站 http://www.nosta.gov.cn 查阅），共同营造公平公正的评审环境。如发现有违反规定的行为，一经查实，严肃处理。

6. 请各省区市提名单位将答辩安排及时通知本地视频答辩室工作人员，做好组织协调和技术保障工作，保证设备支持双流。

五、联系人及联系方式

联 系 人：李小萌、张震

联系电话：010-68598465、68598485

电子邮箱：nostaxxc@mail.nosta.gov.cn

附件：1. 各地视频答辩室联系信息表

2. 国家科学技术奖评审会议答辩回执

国家科学技术奖励工作办公室

2019 年 7 月 31 日

-4-

附件 2

国家科学技术奖评审会议答辩回执

<table>
<tr><td>项目名称</td><td colspan="4">制浆造纸清洁生产与水污染全过程控制关键技术及产业化</td></tr>
<tr><td>奖种</td><td colspan="4">进步奖</td></tr>
<tr><td>评审组</td><td colspan="4">轻工组</td></tr>
<tr><td>提名单位
（专家）</td><td colspan="4">教育部</td></tr>
<tr><td>答辩起止
时间</td><td colspan="4">8 月 21 日 10 时 30 分 至 10 时 50 分</td></tr>
<tr><td colspan="3">答辩地点（适用于视频答辩）</td><td colspan="2">广东 省（区、市） 广州 市</td></tr>
<tr><td colspan="3" rowspan="2">答辩地点（适于电话答辩）</td><td>固定电话
（请加区号）</td><td></td></tr>
<tr><td>备用手机
（北京以外的请在号码前加 0）</td><td></td></tr>
<tr><td>答辩人</td><td>姓名</td><td>身份</td><td>工作单位及职务</td><td>手机</td></tr>
<tr><td>提名方</td><td>朱敏</td><td>提名者委托代表</td><td>华南理工大学，副校长</td><td></td></tr>
<tr><td rowspan="4">完成方</td><td>陈克复</td><td>第 1 完成人</td><td>华南理工大学，教授</td><td></td></tr>
<tr><td>应广东</td><td>第 2 完成人</td><td>山东太阳纸业股份有限公司，总工程师</td><td></td></tr>
<tr><td>徐峻</td><td>第 3 完成人</td><td>华南理工大学，教师</td><td></td></tr>
<tr><td>张凤山</td><td>第 4 完成人</td><td>山东华泰纸业股份有限公司，总工程师</td><td></td></tr>
<tr><td>备注</td><td colspan="4"></td></tr>
</table>

说明：1.“身份”一栏，填写以下四项之一：提名单位人员，提名专家，提名者委托代表，第几完成人。2019 年度国家科技进步奖提名项目完成人（含最高奖和合作奖候选人）不能作为提名者委托代表。

2.本表不需单位盖章，填写完成后，请于2019年8月14日前发送电子邮件至nostaxxc@mail.nosta.gov.cn。

3	303-4027	科技进步奖	制浆造纸清洁生产与水污染全过程控制关键技术及产业化

2019年8月18—20日

项目组主要完成人集中在华南理工大学，讨论研究准备参加评审委员会的评审答辩（大评审）。

	陈克复，应广东，徐峻；华南理工大学，山东太阳纸业股份有限公司，山东华泰纸业有限公司	2019年8月21日10时30分—2019年8月21日10时50分	广东

2019年8月21日上午

本项目答辩时间为10:30—10:50，参加答辩会议的人员除了项目主要完成人之外，还有华南理工大学朱敏副校长，广东省科技厅严军华处长，华南理工大学科技处林艺文处长、杨杰副处长、傅铭科长。

2019年度国家科技进步奖评审委员会评审答辩会在省科技厅一楼会议室举办。

（根据现场录音整理，保留原文）

评审会上评审专家的提问

评审会议在播放完本项目汇报视频后，评审专家提问（15分钟）。

专家（一）提问：第一个问题，造纸行业除废水排放之外，废气的排放如何防治？

陈克复院士回答问题：我先回答第一个问题。造纸行业而除了废水，我们这个项目的技术主要解决的问题之外，还有废气，由于废气治理设施不断增加，治理力度加强，二氧化硫、氮氧化物、烟尘等废气的污染物不断减少，废气在我们造纸行业里边已不是主要的废弃物。现在我们的造纸行业在废气这方面，应该说是基本解决了。

专家（二）提问：优质纸浆进口到国内对我们的项目有什么影响？

陈克复院士回答问题：我们国家的造纸行业虽然是造纸强国、大国，但是人均消费量才80公斤，还不到发达国家的一半，因此呢，我们国家现在方方面面都需要纸和纸板（专家回答：是的）。随着国家的发展，我们对纸的需要量越来越大。大量的优质的纸浆进口，不但是现在，将来也是会这样。我们多少年来虽从国外进口了优质的废纸和优质的纸浆，但我们的造纸原料还是远不够的，主要还是需靠国内生产。那么，我们的项目主要的问题是围绕我们所提出在制浆造纸中要解决水污染的问题。而原料不足是另外一个问题，原料不足的问题是我们将来需要解决的大问题。因此，优质原料进口不会影响我们造纸行业，只有推动了造纸行业的发展，因为我们造纸行业不断在发展，现在呢，已经发展到年产量已经达到一点几亿吨，需要大量纤维原料，我们就需要大量的优质纸浆进口。但毕竟，我国造纸业纸浆不可能全部依赖进口，我们在鼓励我们造纸行业到国外去建纸浆厂，比如说，太阳纸业现在老挝建纸浆厂，本来是在美国建纸浆厂的，由于中美的贸易关系，现在暂时不到美国建厂，还有很多企业到白俄罗斯、芬兰、哈萨克斯坦等建厂，来弥补国内的纸浆紧缺的问题，到国外建纸浆厂也需要先进的技术，也要保证不存在水污染的问题。因此呢，纸浆进口对我们造纸行业只能解决原料的一部分，对本项目技术的推广没有任何影响。我的回答完毕，谢谢专家。

专家（三）提问：技术与造纸成本有什么关系？

陈克复院士回答问题：谢谢专家的提问。这个也是我们行业中大家比较关心的问题。我们这个项目通过清洁生产和水污染全过程控制，提高了水的重复利用率和化学品的反应效率，建立了水、蒸汽和化学品的用量准则，而且减少了纤维损失，因此呢，我们的技术成本不但没有上升，反而有不同程度的下降，比如说，我们科技创新1当中，我们的化机浆低浓废水处理，采用了本项目的净化技术，最后我们采用资源化利用，每吨浆反而节约88元。这个88元不单单是从技术层面认定，还有企业的生产报表以及第三方的检测所认定的。另外一个呢，综合蒸发成本，又比常规的多效蒸发成本要下降40%。我们除了科技创新1之外，还有科技创新3，我们提出中性脱墨技术，解决了碱性脱墨的污染问题，减少化学品消耗，实现了COD减排。还有呢，我们这个废纸制浆，科技创新3里边，我们的水的重复利用率提高了5-10%，这样我们在废水那里降低5%，废水处理成本反而是降下来了。因此，我们在实践当中证明这一点，用了我们的技术，我们的成本反而降下来了，对企业的利润还是有积极作用的。比如说，去年太阳纸业和华泰纸业，特别是太阳纸业，我们专家在实地考察的时候已经听公司董事长说了，去年太阳纸业的年销售收入突破500亿，利润比以往翻了几番。

大评审答辩后，朱敏副校长（右三）与参会的项目主要完成人合影

专家（四）提问： 您在PPT上说我们制浆造纸行业的废水排放总量从第一位降为第三位，项目的技术对其他行业有什么启发和借鉴作用？

陈克复院士回答问题： 谢谢专家的提问，我们这个制浆造纸行业，它的原料、水资源、能源和装备都是非常关键的各项指标，我们这个项目主要就解决这几方面的问题，实现它高效利用和相互协调的科学问题。因此呢，对同样的其他行业的类似问题还是有启发和借鉴作用。比如说，我们提出来的清洁生产与末端治理相结合的水污染全过程控制理论与技术，本项目实现了水污染物的源头减量，降低了末端治理负荷，这样都跟其他行业有类同之处。又如，原料资源全利用，这是各行业一致追求的，我们造纸行业特别提出原料一定要全利用，那么，本项目实现了制浆造纸过程原料的高效利用以及废弃物的资源化利用，这个是对其他行业有启发和借鉴作用的。我们国家颁布了《水十条》，明确提出要优先地节约用水，也就提出节水优先，本项目通过提高水重复利用率，大幅度降低了用水量，这个对其他行业也是有借鉴作用，还有很多类似的例子。谢谢专家，回答完毕。

还有其他专家的提问，由于涉及面广，此处不详细叙述。

答辩后，华南理工大学朱敏副校长、省科技厅严军华处长与参加答辩的项目主要完成人合影。

2019年8月23日

得知项目已通过大评审。这次大评审中，科技进步奖一等奖（通用项目）淘汰了近30%，原16项，淘汰了5项。

2019年9月5日

高松校长祝贺团队通过国家科技进步奖一等奖大评审。

2019年11月20日

获悉项目“制浆造纸清洁生产与水污染全过程控制关键技术及产业化”申报的国家科技进步奖一等奖已通过国家科技奖励委员会的终审。

（第五部分内容由陈克复、李金鹏汇编）

6

第六部分

创新技术简介

科技创新点一

化学机械法制浆废水组合蒸发碱回收处理技术，实现全资源化利用。

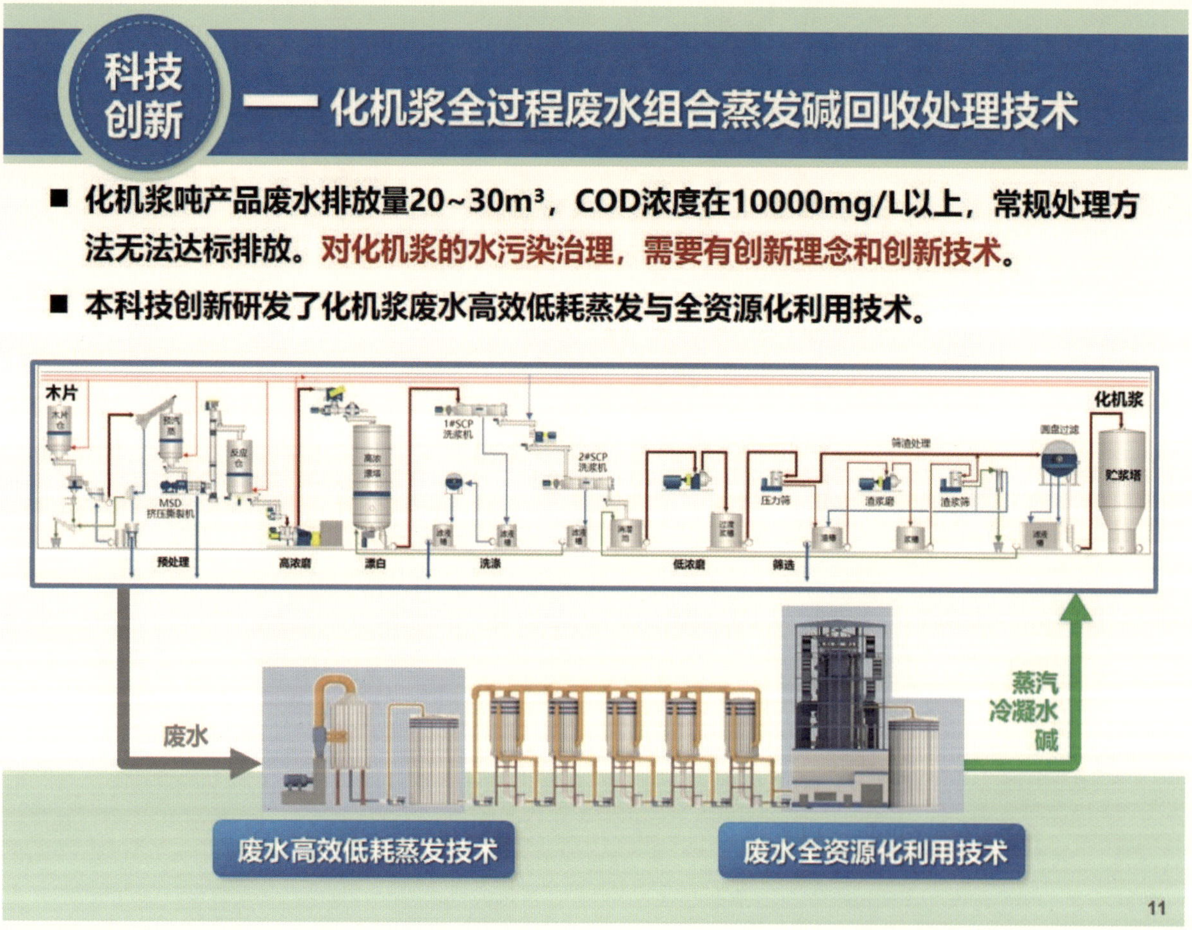

注：答辩现场PPT截图。

▶ 关键技术 1

创新性地将高效低耗机械蒸汽再压缩蒸发（mechanical vapor recompression，简称MVR）技术应用于化机浆废水的蒸发浓缩。

（1）技术重要性

化学机械法制浆得率一般在85%以上，接近化学法制浆纤维利用率的两倍；由于我国优质木材纤维原料短缺，采用这一制浆方法能充分利用木材资源，而且随着化机浆纸浆应用领域的不断拓展，市场对化机浆的需求逐年增加，因而化学机械法制浆发展较为迅速，国内已有近500万吨产量投产，今后还将持续增加产能。化学机械法制浆虽然得率高，但仍有质量占比15%的组分在生产过程中溶出并进入水体中，产生了高浓度有机废水，COD浓度大多在10 000 mg/L以上。由于初始废水COD浓度高，即使采用三级深度处理，仍难以在合理处理成本下满足GB3544-2008排放标准。

因此，要控制化学机械法制浆水污染，必须解决COD浓度高的废水处理难题。既然常规处理存在诸多问题，那就要创新处理方法。通过对废水的化学组分和热性能进行分析，发现化学机械法制浆废水的元素组成和固形物热值与化学法制浆废水（黑液）类似。因此，

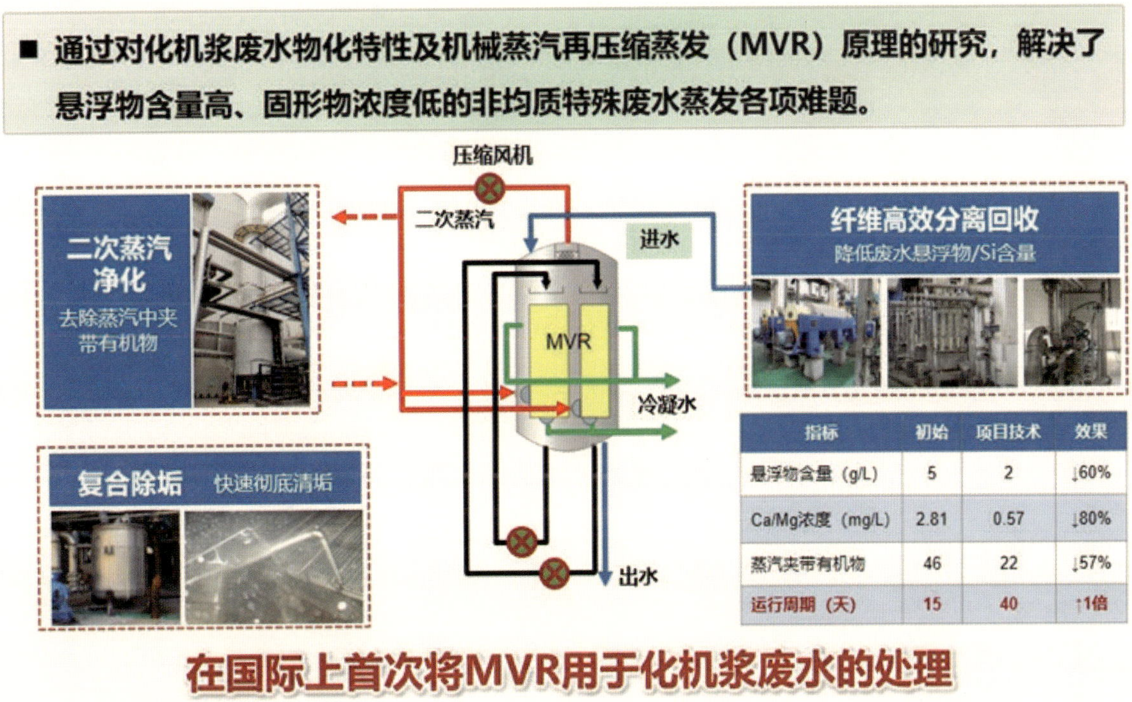

注：答辩现场PPT截图。

可以借助黑液碱回收技术来处理高浓化学机械法制浆废水，但需要解决的关键问题是如何减少低固形物浓度废水的蒸发能耗。为此，创新团队创新性地将高效低耗机械蒸汽再压缩蒸发技术应用于大产能化机浆低浓度废水的预蒸发浓缩，开发了高效低耗蒸发技术。

（2）技术原理

MVR蒸发器是单体蒸发器，集多效降膜蒸发器于一身，主要是由蒸发器、压缩风机、热交换器、废水循环泵组成。该系统的工艺过程主要是利用热泵原理将蒸发产生的二次蒸汽（因温度低、压力低而无法利用）用压缩机进行压缩，提高其温度、压力，使其重新作为热源加热需要被蒸发的物料；正常启动后，涡轮压缩机将二次蒸汽吸入，二次蒸汽经增压后变为加热蒸汽，就这样源源不断地进行循环蒸发，蒸发出的水分最终变成冷凝水排出，从而达到循环利用蒸汽的目的，使蒸发过程不需要外加蒸汽。压缩风机的压缩循环焓-熵图如图6-1所示。

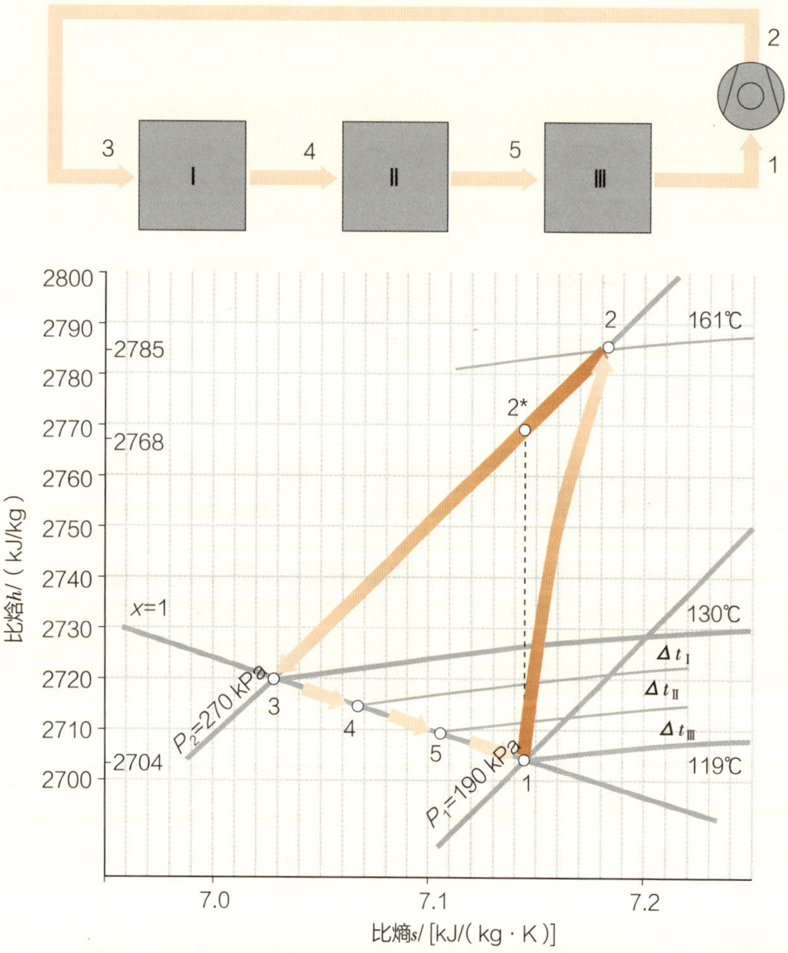

图6-1　压缩风机的压缩循环焓-熵图（图片来自网络）

MVR技术是用少量的电能获得较多的热能，从而减少系统对外界能源的需求的一项高效节能技术，具有换热效率高、占地面积小、物料停留的时间短、操作成本低、不易引起物料变质等特点，适用于较高黏度的物料。

（3）技术创新点

国外MVR蒸发系统虽然适用于低浓度废水，蒸发效率高，但要求废水均质、低黏，一般用于化工等行业。化学机械法制浆废水的废水来源非常分散，备料、磨浆、漂白、洗筛等工序均会产生废水。废水中除含有高COD外，还含有大量的细小纤维，以及残留的化学品等，因此是一种非均质特殊废水，在蒸发过程中极易发生结垢、堵塞等难题。为了使MVR蒸发系统能满足本项目的要求，在充分了解MVR运行原理（图6-2）的基础上，创新团队对MVR蒸发系统进行了创新优化。

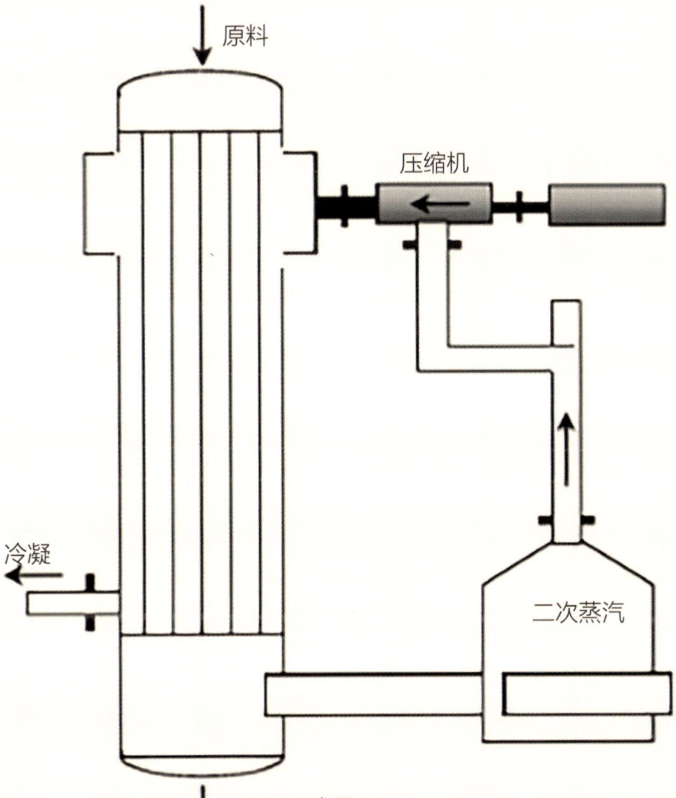

图6-2　MVR蒸发器的热流图（图片来自网络）

①研发了MVR蒸发系统的废液循环泵新的控制方式，拉长稳定运行时间，提高了使用效率。

②在MVR蒸发系统内部设置自动复合除垢装备，为彻底清理设备内部创造条件，提高了蒸发系统内洁净度，使清理后使用周期提高一倍。

③提高MVR蒸发系统的散热速度，缩短散热时间。

④把变频蒸发风机改为恒速蒸发风机。采用国产的恒速电机和2倍增速机，总投资少，控制稳定，且不受国外限制。

⑤增设废液过滤槽，实现MVR蒸发系统废液与固废的循环回用。

⑥增设气体洗涤塔，降低二次蒸汽中夹带的有机物含量，实施二次蒸汽净化技术，减缓蒸发器板片蒸汽侧的结垢。

经过对MVR进行全面的修改优化，使从没有用于制浆造纸行业的MVR蒸发系统稳定高效地用于化机浆低浓废水的蒸发浓缩，为化机浆废水进行碱回收处理创造了条件。

关键技术 2

化学机械法制浆废水全资源化利用技术。

（1）技术重要性

MVR蒸发后的浓废水，固形物质量浓度已达到15%左右，还需送入碱回收系统，先利用多效蒸发器进行二次蒸发，再送入碱回收炉燃烧，回收碱、热量和冷凝水，从而达到化学机械法制浆废水资源化处理的目的，如图6-3所示。虽然在化学组分和热值方面，化学机械法制浆废水和黑液类似，但由于化学机械法制浆全过程仅使用少量的碱和过氧化氢，在采用封闭式废水循环后，原料中带入的泥沙、添加的硅酸钠化学品、废水回用等都会导致钙、镁、硅等离子在系统的累积，这些硅化物和溶解的半纤维素等组分混在一起，使废水难以分离，影响洗涤效率。此外，在废水贮存和输送过程中易吸收空气中的CO_2，会出现H_2SiO_3细微胶体颗粒，增加黑液黏度；特别是随着水的蒸发，黏度会急剧升高，流动性变差、传热系数变

注：除非特别说明，本章中的浓度均为质量浓度。

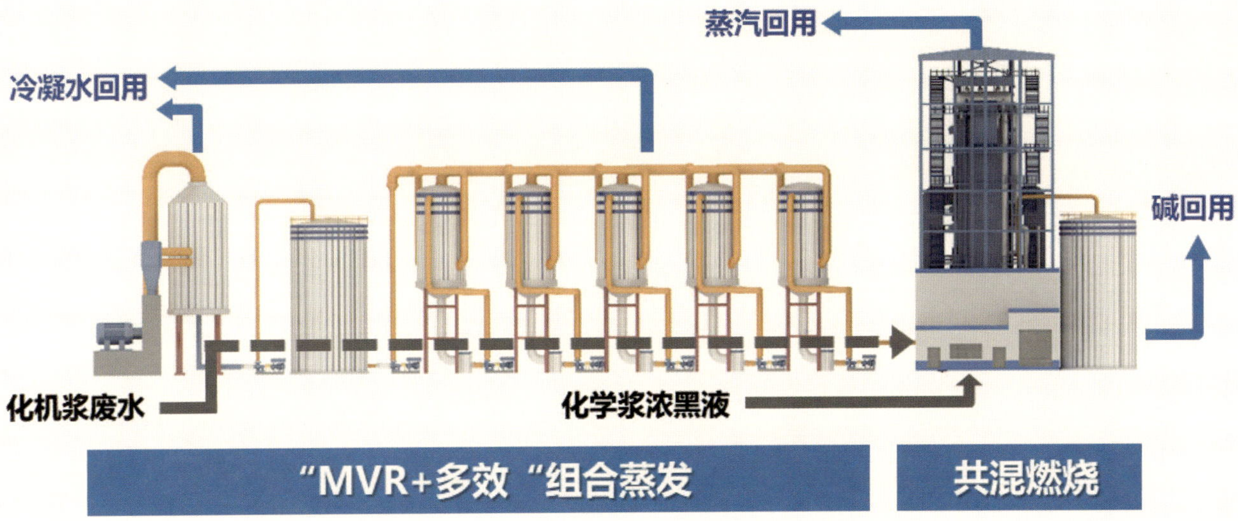

图6-3　废水“蒸发-燃烧”资源化处理流程

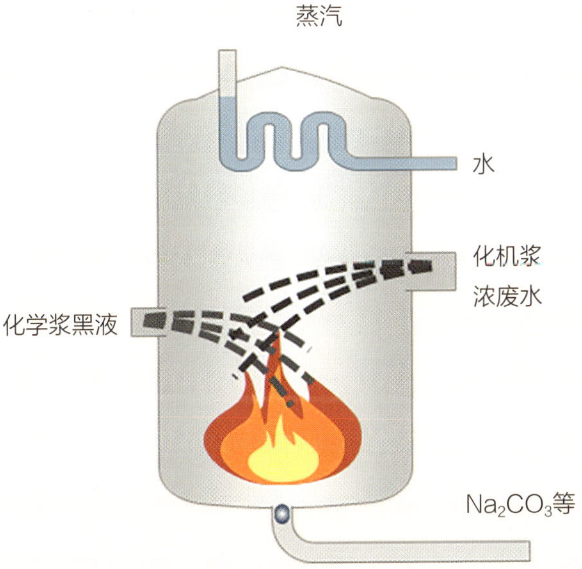

图6-4　化学机械法制浆浓缩废水和化学浆黑液的共混燃烧示意图

小，影响蒸发的进行，导致浓缩后黑液固形物质量浓度难以达到50%以上，无法直接燃烧，需要喷油助燃，经济性差。另外，在燃烧时，也因黏度大，雾化困难、不易喷散，黑液干燥慢，燃烧不充分，黑灰质量大，容易造成“塌灰”问题。

因此，必须继续解决制约化学机械法制浆废水碱回收处理的各项难题，才能实现废水的资源化处理。

（2）技术原理

技术原理主要包括两个方面，一是从源头对悬浮物、钙镁硅等易导致结垢或产生硅干扰的组分进行控制；二是将化学机械法制浆废水和化学浆黑液进行共混，改善其燃烧特性（图6-4）。

（3）技术创新

根据创新理念，科学地把化学浆黑液与化机浆废液混合并应用于碱回收系统，突破了单纯化机浆废水蒸发设备结垢严重和碱回收时“塌灰”及两种废液碱回收不稳定等技术瓶颈，并对相关设备进行创新性优化，如图6-5所示。具体如下：

①从源头控制易产生结垢或硅干扰的组分：

一是研发低硅型产品，尽量减少硅酸钠的用量，并配合使用无硅稳定剂。

二是选用抑垢剂。通过对垢成分的分析，研发出一种专门针对草酸垢的抑垢剂。

三是研究废液过滤机理，强化废液过滤程度。

②研发两种黑液共混燃烧技术：

研发适应具有黏度高和易结垢特性的混合液的多效蒸发系统工艺技术，采用混流进液方式，确定第一效蒸发器饱和蒸汽温度不高于130℃，最后一效蒸发器的二次蒸汽温度不低于50～80℃的有效温度值，使化学机械法制浆废水的质量浓度提高到57%。

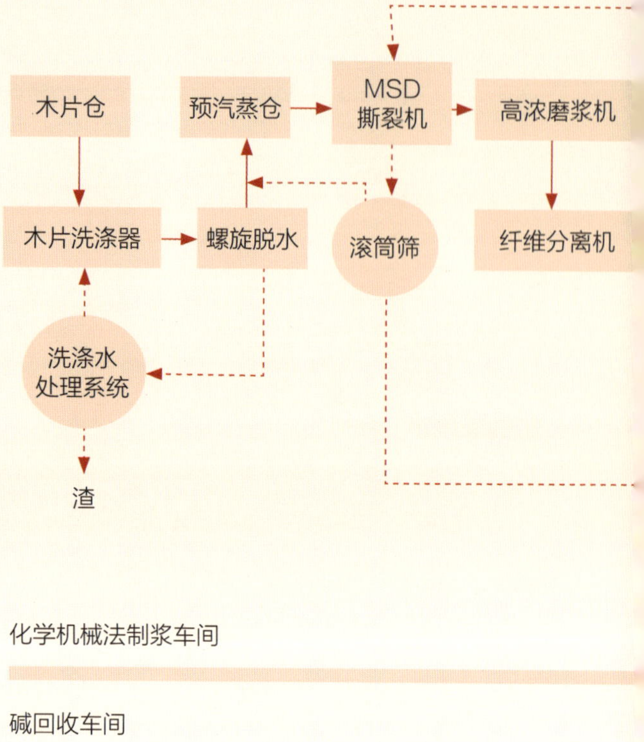

图6-5　化学机械法制浆水封闭循环流程图

研发对喷强制混合技术，利用化学浆浓黑液的良好雾化性，降低化机浆浓废水的液滴尺度，提高其分散性，以利于快速汽化和充分燃烧。

③研发碱回收白液净化技术：

自主研发不锈钢膜过滤技术净化碱回收白液，替换商品碱用于化学机械法制浆漂白，实现大尺度跨车间的废水资源化回用。

支撑技术1

废水分质处理和循环回用技术。

技术要点：优化备料、磨浆、筛选、漂白、净化等工艺，研究泥沙等杂质在平流和环流状态下的沉淀机理，设计高效沉积流道及组合过滤系统，分质处理各工序废水，回收纤维，减少废水中悬浮物与钙、镁、硅等组分累积，提高水循环回用率，实现送蒸发的废水量减少50%。

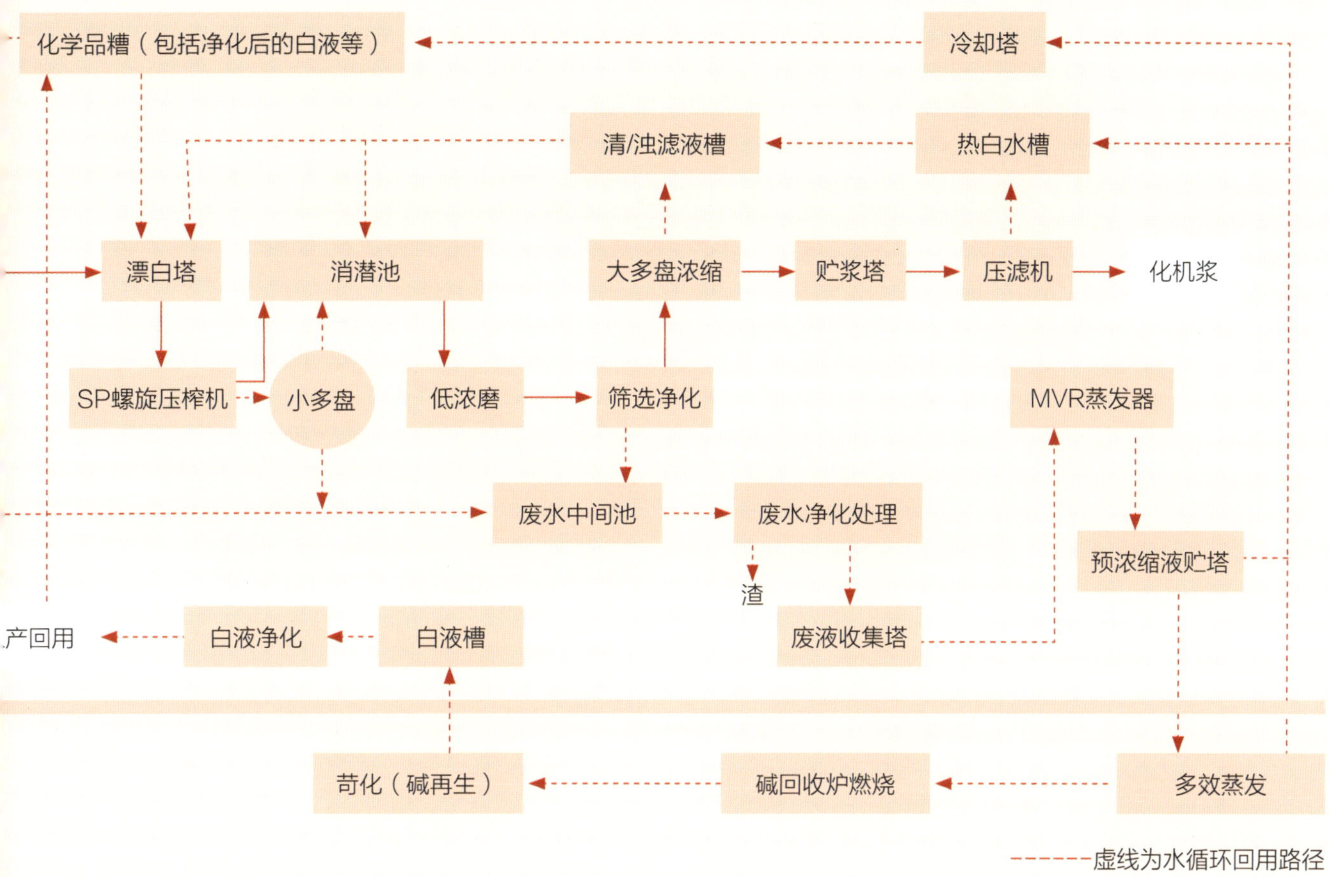

支撑技术 2

高低浓协同磨浆技术。

技术要点：研究磨浆过程纤维分离及纤维动态力学原理，创建高低浓磨浆协同的磨浆方法。高浓磨浆效率高、能耗大，低浓磨浆能耗低、纤维损伤小，通过协同作用，实现高效节能并减少细小纤维的产生（图6-6）。

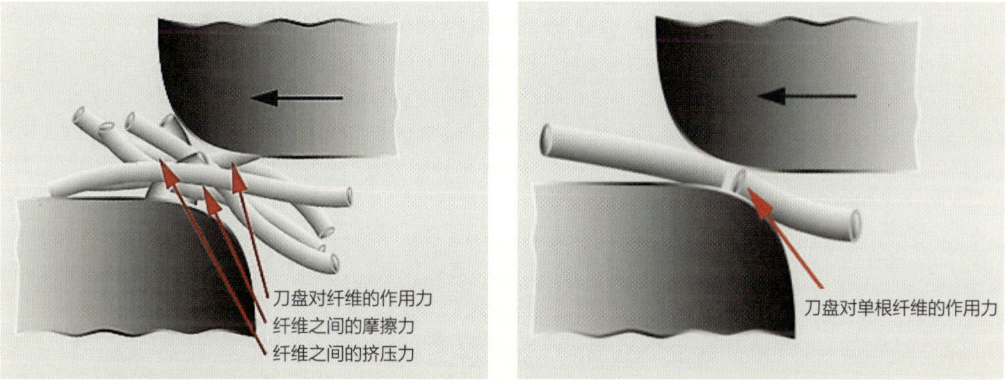

图6-6　高低浓磨浆原理图（左：高浓磨浆；右：低浓磨浆）

支撑技术 3

废水高效分离技术。

技术要点：集成多级挤压与螺旋压榨高浓废水提取技术，研究压缩比对有机物及残余化学品分离效果的影响，提高纸浆洁净度和废水固形物浓度，实现废水的高效分离并降低化学品的消耗。

该科技创新技术应用于山东太阳纸业股份有限公司（以下简称“太阳纸业”）下属的兖州天章纸业有限公司年产15万吨的化机浆生产线，作为示范工程实现废水综合资源化利用，无废水和COD排放，节支88元/吨浆。经第三方评估和专家鉴定，其清洁生产技术达到国际领先水平。这一技术现已推广至太阳纸业另外三条化机浆生产线，成功开发了高档液体包装等特殊用途的化机浆纸浆产品，并成功应用于白卡纸、食品包装材料等的生产。

（第六部分第一节内容由徐峻汇编）

科技创新点二

化学法制浆清洁生产关键技术，实现水污染全过程控制。

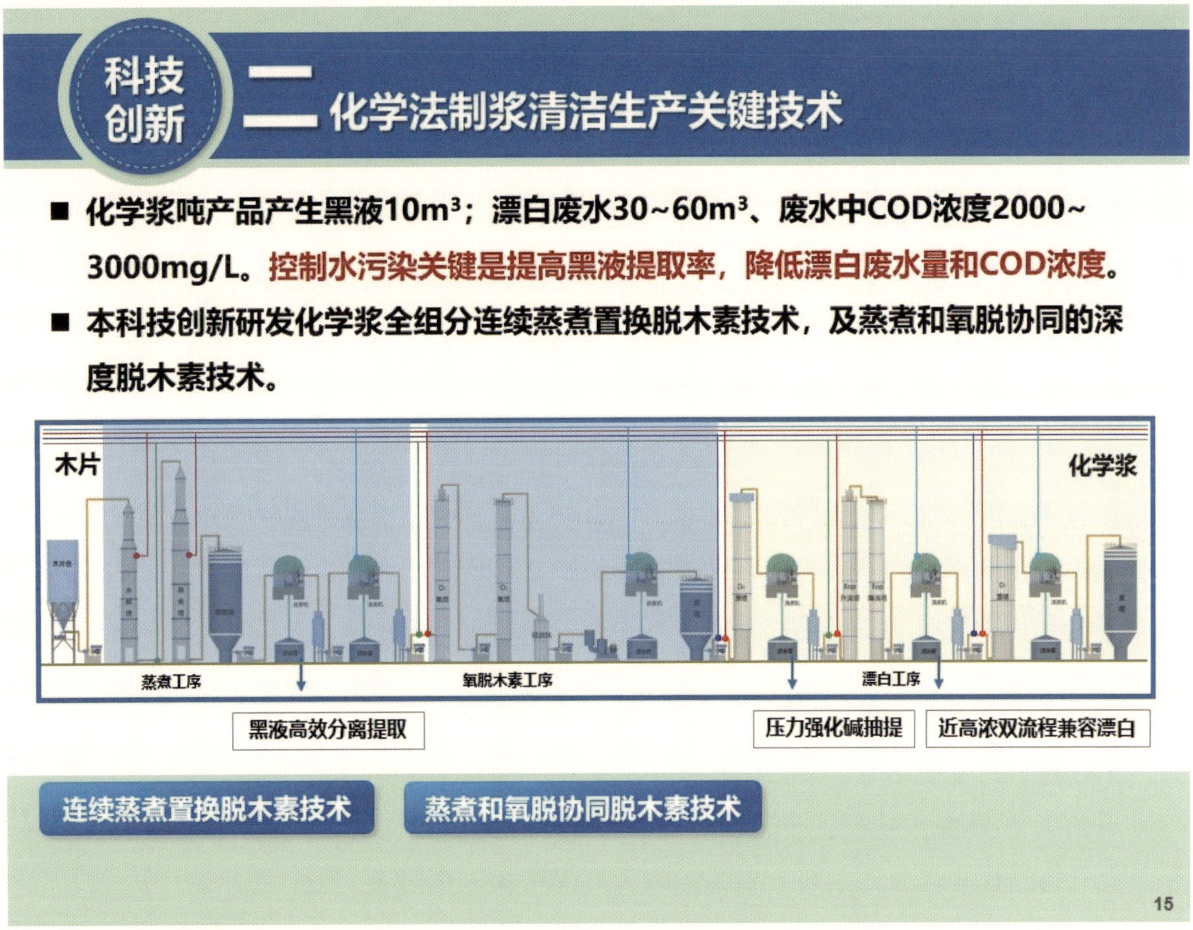

注：答辩现场PPT截图。

关键技术 1

连续蒸煮置换脱木素技术。

（1）技术重要性

化学浆生产过程的废水主要来源于黑液提取、漂白、洗筛等工序，废水中COD主要来源于降解的木素、半纤维素等有机物。其废水主要分为两种，一种是超高COD的蒸煮黑液，一种是漂白产生的中段废水。由于黑液可以采用碱回收进行资源化处理，若能尽可能多地分离木素并送入碱回收处理系统，则可以降低中段废水污染负荷，有助于后续污水处理。因此，化学法制浆水污染控制的关键就是漂前尽可能多地选择性脱出木素。

常规的塔式连续蒸煮，碱消耗量大、能耗高，而且蒸煮过程主要利用了原料中的纤维素组分，另外两种主要组分木素和半纤维素则降解溶出，形成了黑液；由于半纤维素热值（13.6 MJ/kg）远低于木质素的热值（27.1MJ/kg），对蒸发和碱回收系统造成了负担。另外，蒸煮后纸浆中的残余木素含量也高，后续漂白压力大，二氧化氯等漂白剂消耗高，中段废水量多且污染负荷重。通过对蒸煮工艺的进一步研发，实现连续水解分离半纤维素和蒸煮置换深度脱木素，在保证纸浆质量的前提下，可以显著降低未漂浆硬度，提高纸浆的可漂白性。

（2）技术原理

蒸煮是在高温、高碱环境下将原料中的绝大部分木素溶出，进而实现纤维分离的过程。半纤维素结构不稳定，在高温热水环境下极易发生降解溶出，增加碱耗。另外，原塔式连蒸采用常规工艺，蒸煮用碱量偏高，蒸煮用碱与碱回收产碱不平衡，蒸煮器上、下循环筛板及加热器易结垢堵塞，循环流量经常达不到工艺要求，导致工艺控制参数的波动，制约产能提升；所得到的粗浆硬度亦偏高，后续漂白药剂消耗大，中段废水量达35~50 m^3/吨浆。

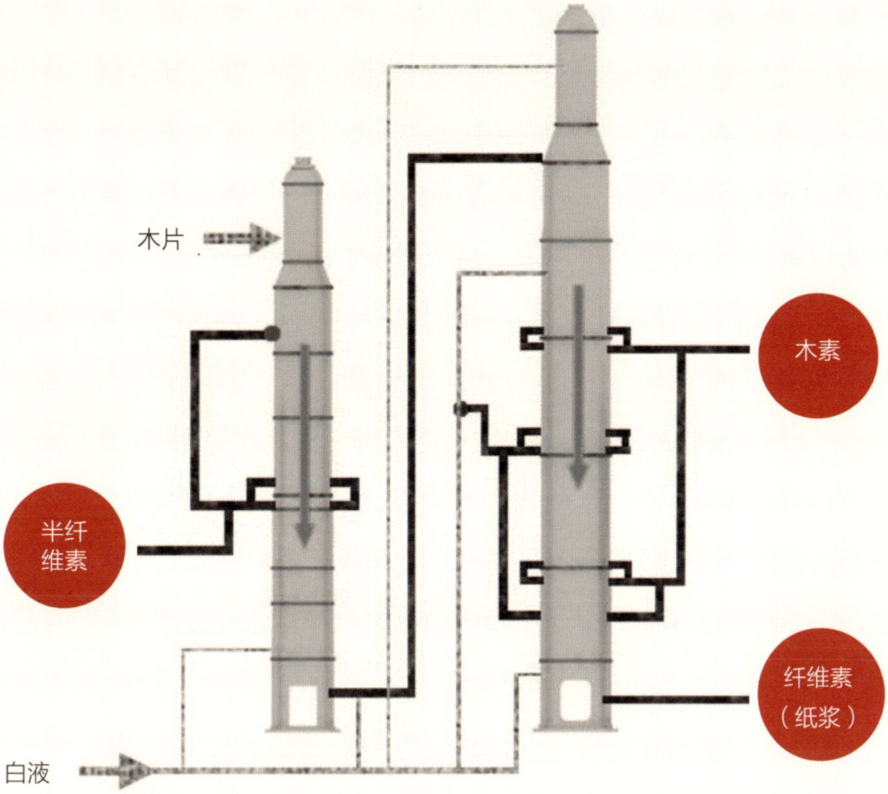

图6-7　连蒸水解-连续蒸煮深度脱木素过程示意图

因此，在本技术中，利用水热原理，木片在蒸煮前先通过连续水解塔来分离半纤维素，然后再进行连续蒸煮，如图6-7所示。通过系统研究蒸煮过程传质和反应动力学，重新优化温度、时间和药剂的分配，蒸煮过程中采取多点抽提黑液、多点补充白液方式，并补充洗涤液保持蒸煮液比的恒定，保证大量脱木素阶段和最终脱木素阶段有足够的碱浓，避免出现木素沉淀吸附，强化了蒸煮脱木素过程，减少工艺参数的波动，在蒸煮器内部实现三级置换脱木素，降低药剂消耗和纸浆硬度，提高纸浆得率并将COD源头削减约30%。

（3）技术创新点

蒸煮是化学法制浆中污染物产生量最大的单元，50%以上的纤维组分会在蒸煮过程中溶出。常规蒸煮过程中，半纤维素组分最终进入碱回收系统，造成资源浪费。本项目在国际上首创木材纤维全组分连续高效深度分离技术。自主研发了独立连续水解工艺技术，创新了高温、自催化连续水解分离半纤维素的方法，实现了原料纤维素、半纤维素和木质素连续分离的产业化应用，解决了原料三大组分连续分离的国际难题，半纤维素溶出率达90%以上，木素分离率达96%以上。

①半纤维素的连续高效深度提取分离。针对木材生物质半纤维素连续深度分离的产业化应用难题，在半纤维素水解过程中断裂规律及机理研究的基础上，项目团队自主开发设计了连续水解装备，研发了高温、自催化连续水解技术。分离出半纤维素的生物质在压力下自动顺利进入木质素分离工序，半纤维素的脱除增加了纤维表面的空隙，更有利于后续木素的脱除。

②木素和纤维素的连续高效分离。针对木质素分离过程中存在的纤维素降解严重、得率低等问题，以及对纤维素产品性能的要求，基于木素深度降解脱除理论，创新了木素等固形物连续脱除技术，显著提高了木素与纤维素的分离效率，最大限度地保护了纤维素聚合度，改善了纤维素的反应性能，解决了纤维素的严重降解问题，纤维素资源得率提高2%~3%。

▶关键技术 2

蒸煮与氧脱协同的深度脱木素技术。

（1）技术重要性

化学法制浆过程本质上就是脱木素。在蒸煮过程中约有90%的木素会被脱出，但过度脱出木素，会对纸浆纤维质量造成不可逆转的损害，引起产品质量问题。氧脱木素被认为是除了硫酸盐蒸煮脱木素外，成本最低且最简单的脱木素方法，而氧漂可以把制浆与漂白结合起来。氧脱木素技术具有许多优点：一是氧气本身清洁而廉价，通过使用更便宜的氧气和碱来代替二氧化氯、过氧化氢和臭氧，节省了漂白化学药品的费用；二是漂白废液可直接送至碱回收处理系统，氧漂废液可以组合到制浆厂化学回收系统的封闭循环中去，从而减少后续漂白排放废液中有机物的负荷；三是所制得的纸浆质量比较好。因此，近几十年来，氧气漂白在世界造纸界被广为采用，生产规模和漂白能力日益扩大，现已成为ECF和TCF漂白的主体工艺。

关键技术2 蒸煮与氧脱协同的深度脱木素技术

- **研发蒸煮与氧脱木素的最佳协同工艺，提高木素脱出率。**
- **研发了15%近高浓氧脱木素技术，降低漂白剂用量、废水量和COD浓度。**

在工艺过程中，近高浓纸浆可大幅度节能节水，减少化学品用量，但实现流体化难度大，给输送与混合带来困难。

本项目通过中浓浆泵的压力智能化控制及高强脉动混合解决了这一难题。

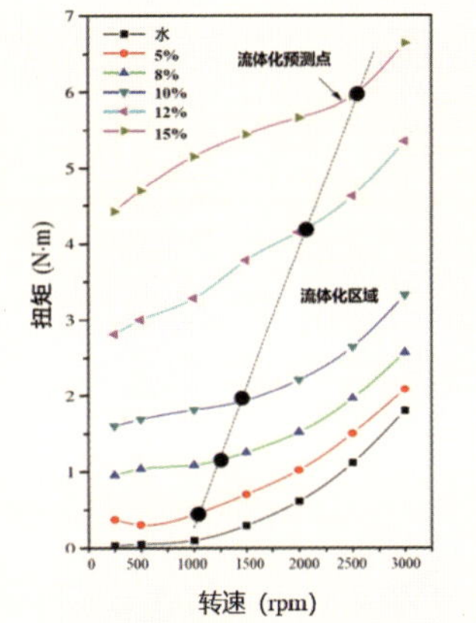

15%浓度纸浆流体化临界点

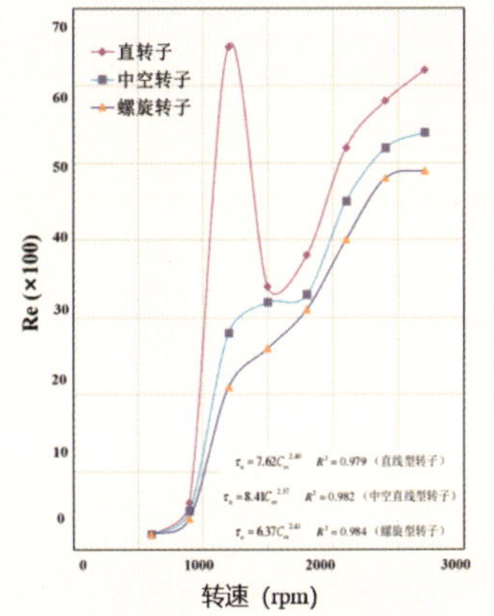

15%纸浆的剪切雷诺数

注：答辩现场PPT截图。

氧脱木素是在碱性条件下用氧气与纸浆进行反应，使纸浆中的木素与各种含氧活性物质发生化学反应，从而使木素从纸浆中溶解去除的过程（图6-8）。由于氧气是气态漂剂，氧气与纸浆的混合均匀度对氧脱木素效率具有重要影响，受制于混合技术，我国大多数化学法制浆企业都采用8%~10%的中浓氧脱木素，仍存在用水量较大、药剂消耗较高的问题，增加了碱回收系统的负担。因此，解决纸浆在15%下的混合难题，实现中高浓度下的氧脱木素，对进一步降低送蒸发废水量，实现低成本深度脱木素具有重要作用。

（2）技术原理

氧脱木素是以分子氧为漂白剂，让酚型木质素与氧气反应从而消除侧链，打开苯环，脱甲基化而被氧化降解。该过程受到用碱量、反应温度、时间、氧压、浆浓等许多工艺参数的影响。通过研究蒸煮残余木素结构和残碱对脱木素效率的影响机理，研究中高浓度（15%）下纸浆氧脱木素过程的传质与反应动力学，实现温度、时间、压力、浓度的平衡，从而提高脱木素率。

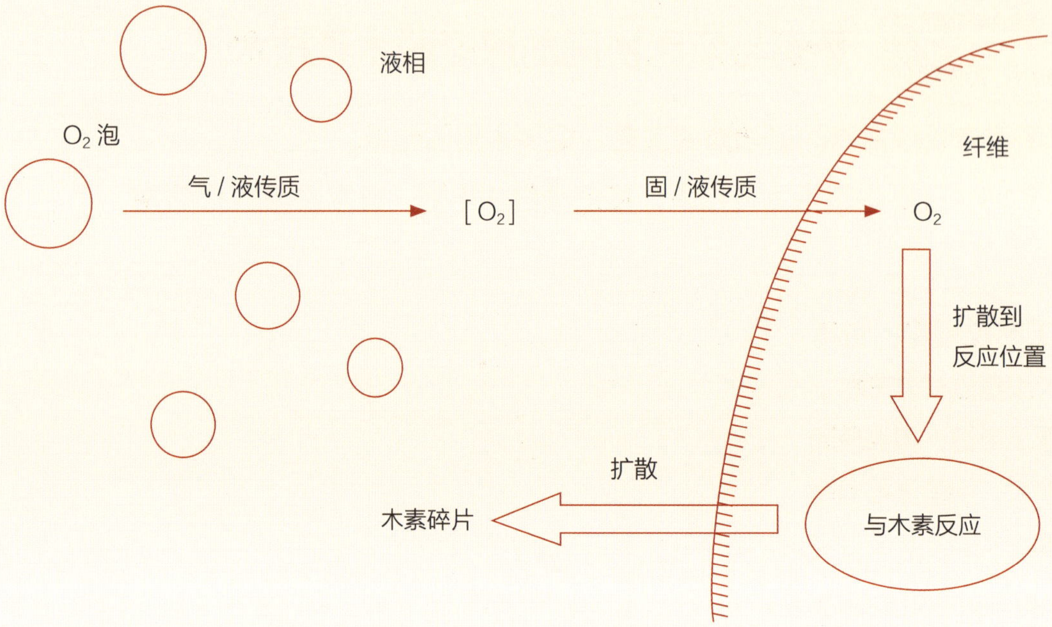

图6-8 氧气在纸浆中的传质扩散过程

（3）技术创新点

在原有技术基础上，将蒸煮液置换脱木素和氧脱木素进行有机耦合，实现深度脱木素，使漂前木素脱出97%以上，提取的木素全部送碱回收燃烧处理，实现废水COD深度减排，整体处于国际领先水平。

①15%浓度下的氧脱木素技术：

提高纸浆漂白浓度，对降低废水量、减少能耗都是非常有益的，但浓度的提高对纸浆与药剂的混合提出了更高要求，必须解决高浓度下纸浆流体化问题。项目团队通过流体化实验，研究转子外形结构、叶片宽度、转速等参数对不同浓度纸浆流体化特性的影响，得到了0%～15%浓度下纸浆扭矩对转速的变化曲线及转速与雷诺数的关系曲线（图6-9）。根据研究结果，掌握了15%浓度下实现纸浆流体化的条件，研制出专用流体化设备，发明中浓浆泵立管液位自动调节方法（图6-10）和高效纸浆管道式加热器，实现温度、时间、压力、浓度的再平衡，开发出更高浓度的氧脱木素技术，并实现稳定运行。

②蒸煮与氧脱木素的最佳协同工艺：

研究蒸煮后纸浆残碱和硬度对后续氧脱木素效率的影响，确立了两者最佳协同工艺（图6-11），实现双塔氧脱木素率达到70%（图6-12），漂白前木素总脱出率达到96%~98%，洗涤废水全部逆流回用，进入碱回收系统，无排放。

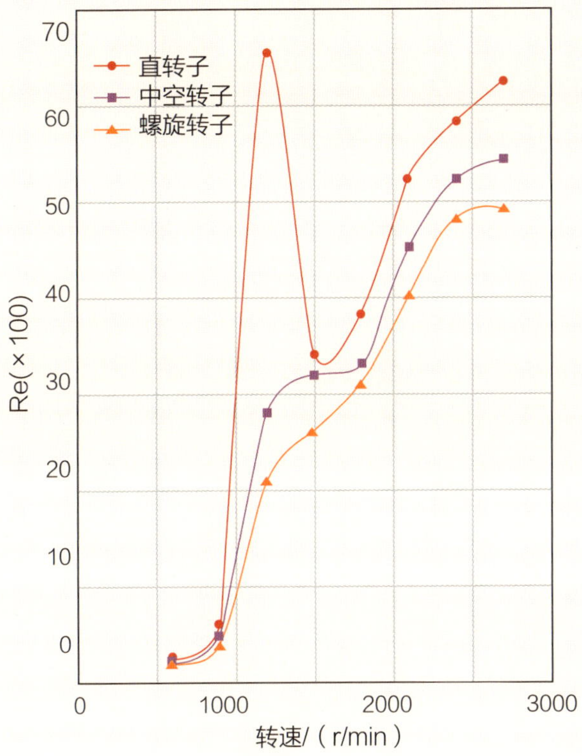

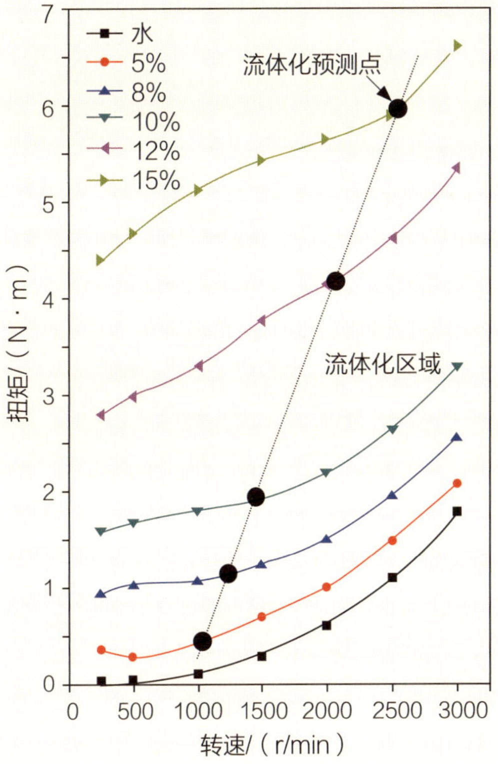

图6-9　15%浓度纸浆流体化特性曲线

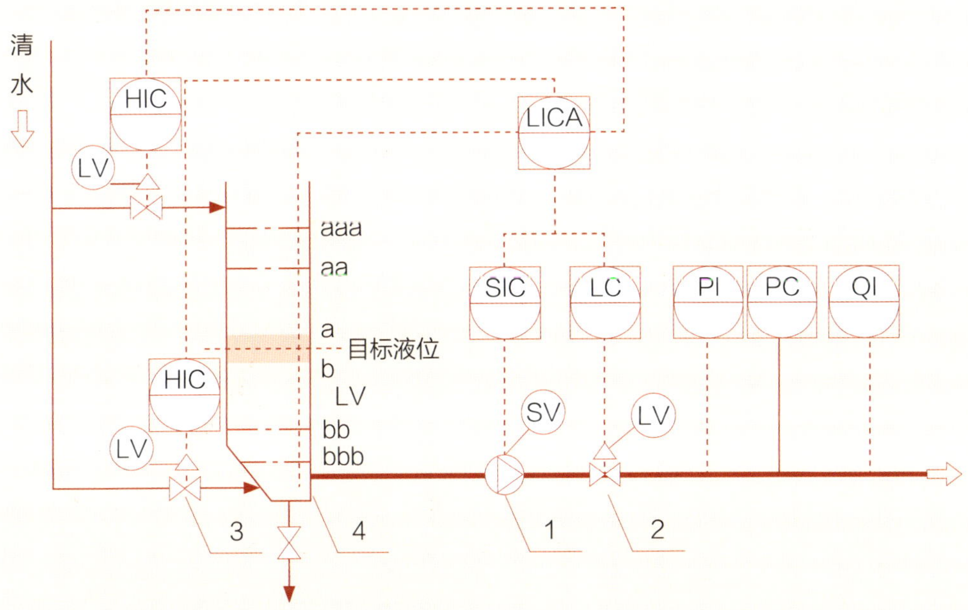

图6-10　中浓浆泵立管液位自动调节逻辑原理

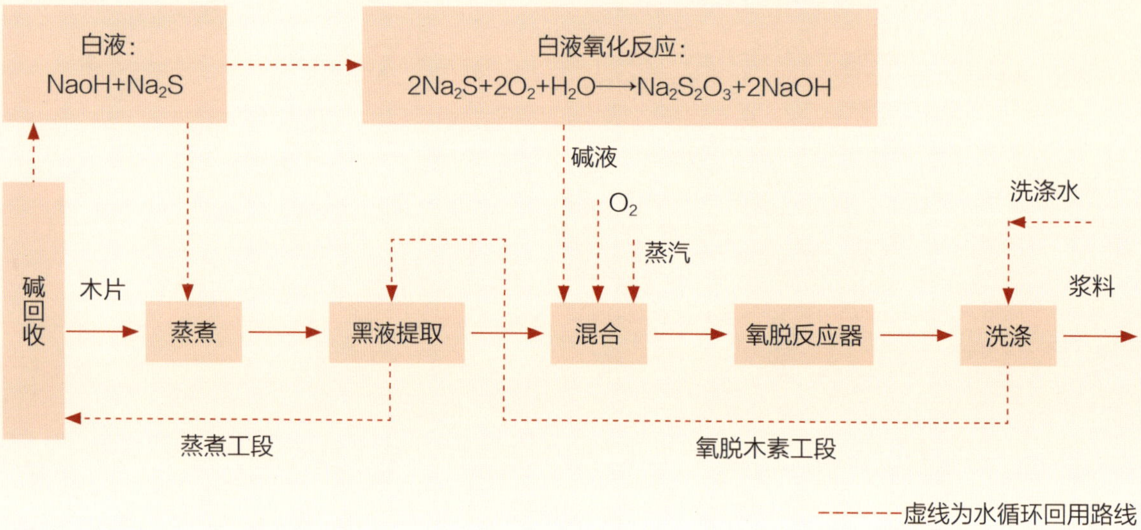

图6-11　蒸煮与氧脱协同深度脱木素水循环网络示意图

▶ 支撑技术 1

压力碱抽提强化洗涤技术。

技术要点：研究木素分子在碱性条件下的反应机理，实现压力过氧化氢强化碱抽提（E→Eop），增加木素抽提量和纸浆白度，进一步降低二氧化氯漂剂用量（降低20%以上），显著减少可吸附有机氯化物（AOX）产生量。

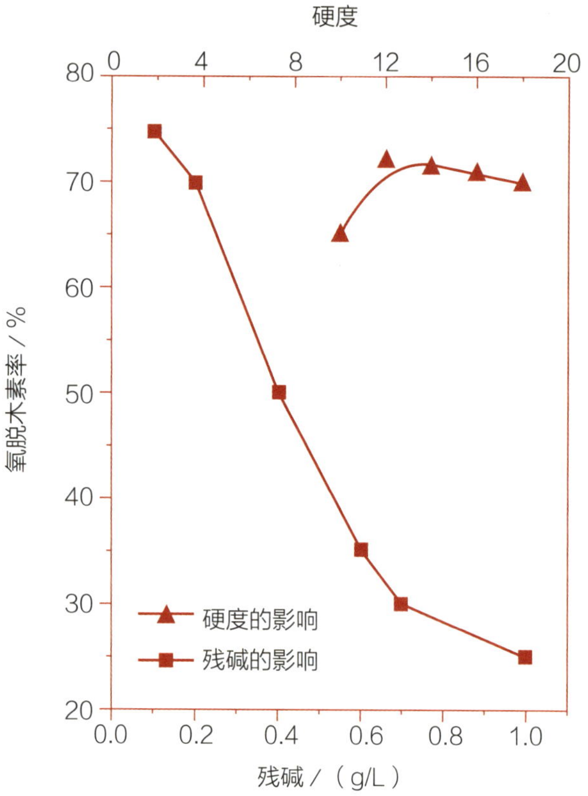

图6-12　蒸煮残碱和硬度对氧脱木素率的影响

▶ 支撑技术 2

无元素氯和全无氯双流程兼容漂白技术。

技术要点：研究15%浓度纸浆悬浮液流变学及高强脉动混合理论，发明中浓浆泵液位自动调节控制方法，解决高浓度纸浆的输送与混合难题，在同一条生产线实现ECF/TCF双流程漂白工艺，满足不同产品和环保的要求。

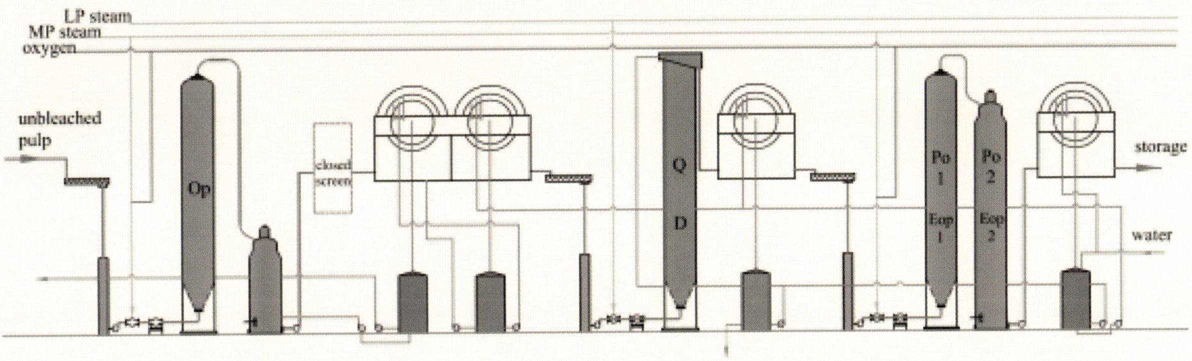

图6-13　ECF（ODEop）和TCF（OQPo）双流程兼顾的漂白示意图

▶ 支撑技术 3

黑液高效分离提取技术。

技术要点：研究“置换-扩散-挤压”机理及提高黑液提取率对减少COD的作用，耦合压力转鼓真空洗浆机与双辊压榨洗浆机，实现置换洗涤，高效分离提取黑液，黑液提取率由95%提高到99%。

该科技创新技术应用于山东太阳纸业股份有限公司年产20万吨化学浆（溶解浆）生产线，作为示范工程成功实现节水减排，废水和AOX产生量减少20%，COD削减30%。这一技术已推广至太阳宏河纸业化学浆（溶解浆）生产线上。

（第六部分第二节内容由徐峻汇编）

科技创新点三

研发废纸脱墨制浆和造纸过程水污染控制及废弃物清洁处理技术，实现全过程清洁生产与资源化利用。

废纸浆占造纸行业总纸浆量的65%，废水量20~30m³/t，占造纸行业总废水量的50%以上，碱性脱墨废水COD达4000~6000 mg/L，污染负荷重。废纸制浆过程的废水主要来源于废纸碎浆、洗筛、浮选脱墨、漂白等工序，造纸过程的废水主要是抄纸过程产生的白水。废水污染物除细小纤维、填料外，还有更具危害性的油墨和可溶性胶黏物（DCS）。因此，本项目的研发重点就是减少废水中DCS的累积，提高白水梯级循环回用率。

本科技创新性地研发了近中性脱墨技术、白水梯级循环回用关键技术和可溶性胶黏物控制、高浓碎浆支撑技术（图6-14）。

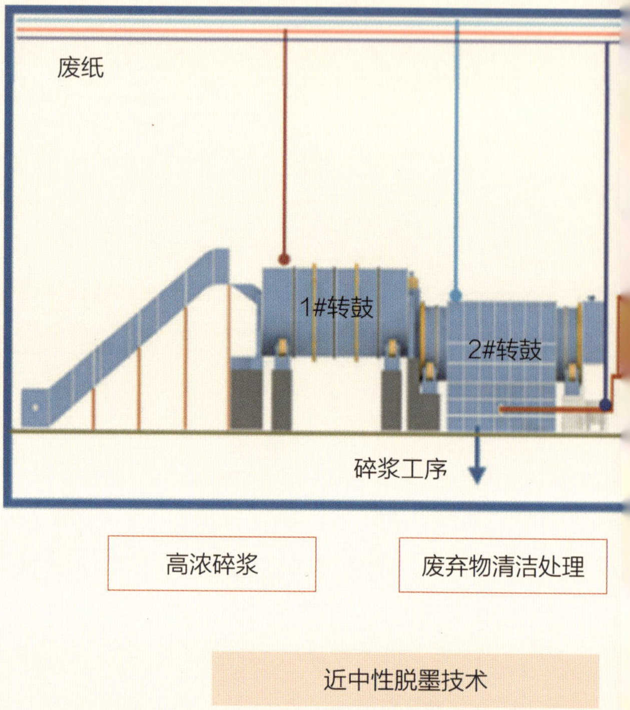

图6-14　技术示意图

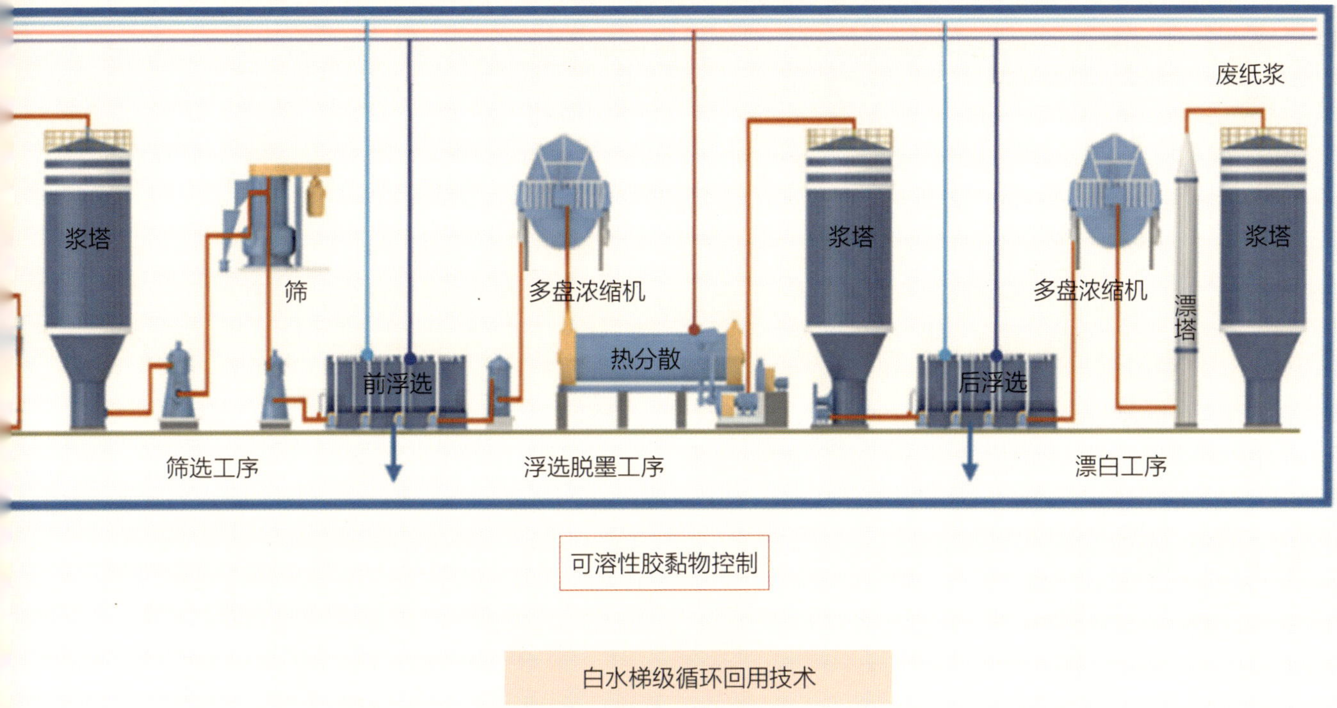

▶ 关键技术 1

近中性脱墨关键技术。

（1）技术原理

研究脱墨化学，研发集润湿、去污、捕集作用于一体的多组分脱墨剂，实现pH7.5条件下的近中性脱墨，降低残余油墨含量，提高纤维质量，减少化学品消耗，实现了COD减排，制浆过程水重复利用率≥95%。

油墨是通过印刷把油墨中的色料粒子粘附在纸张纤维上，而脱墨的原理是破坏这些粒子对纤维的粘附力。废纸脱墨是根据油墨的特性，采用化学反应和物理反应相结合的方法，利用脱墨设备对废纸进行疏解，再通过脱墨剂的湿润、渗透、分散、乳化等作用，来破坏油墨粒子对纤维的粘附力，即通过机械力、化学药品和加热等综合作用，将印刷油墨粒子与纤维分离，并将其从纸浆分离出去的工艺过程。

整个脱墨过程可简单概括为疏解分离纤维、油墨从纤维上脱离、将脱离下来的油墨和颜料粒子等杂质从浆料中除去。废纸浆利用的关键技术主要取决于废纸脱墨效果与再生纤维质量的提升。目前，废纸脱墨生产工艺采用典型的碱性化学脱墨法，废纸中油墨在浮选脱除前通过碎浆与纤维分离，加入碱性化学品（烧碱、硅酸钠等）促进剥离速度，即碱性脱墨。在碱性脱墨过程中使用大量化学药品，生产成本与水污染负荷较高；对于含有机械浆的废纸来说，还易产生“碱性发黑”和纸页返黄的现象。针对碱性化学法脱墨的弊端和缺点给水处理带来的难题和其他环境问题，创新团队研发了近中性脱墨技术。在减少pH调节剂和常用化学品的条件下，研发高效近中性脱墨剂及高浓碎浆工艺，通过让近中性脱墨剂被油墨吸收并渗透到油墨与纤维的界面，在机械洗涤与表面活力的双重作用下脱除油墨（图6-15）。

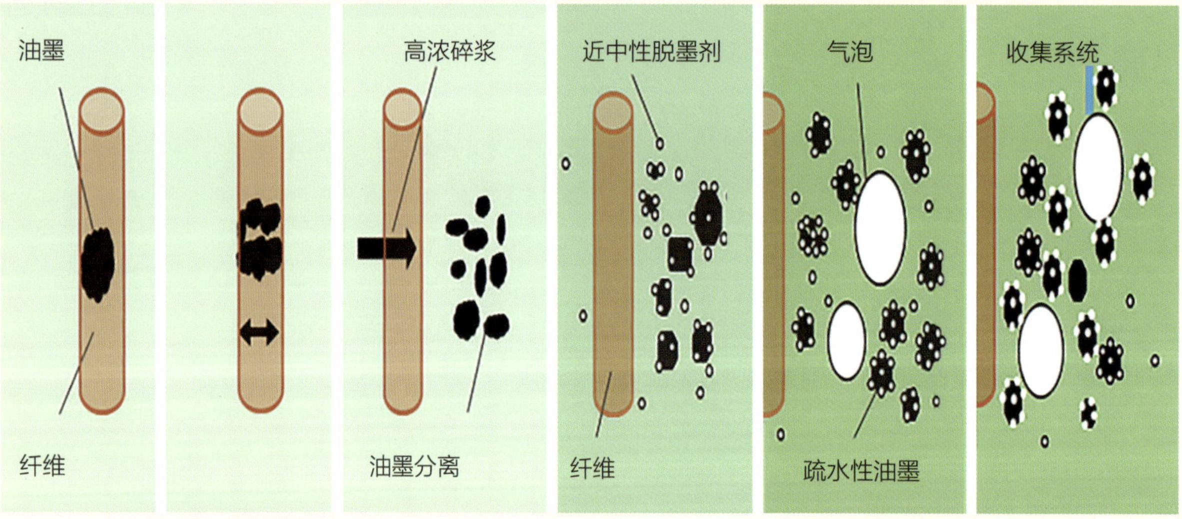

图6-15　近中性脱墨原理图

（2）研发工作

创新团队主要进行的研发工作包括：新型近中性脱墨剂的研制、实验室小试和生产线优化。

近中性脱墨剂通过降低废纸纤维与印刷油墨的表面张力而产生皂化、润湿、渗透、乳化、分散和脱色等多种作用，其中表面活性剂在脱墨的油墨解离（将油墨与纤维分离）和浮选（除去油墨）这两个阶段都起到非常重要的作用。表面活性剂的选择和复配是近中性脱墨成功与否的关键，新型近中性脱墨剂的研制主要是对表面活性剂进行单组分、双组分和三组分表面活性剂复配研发，表面活性剂复配的目的是获得最佳的脱墨效果。

根据表面活性剂复配实验，如图6-16所示，三组分表面活性剂复配后的脱墨效果要比单组分和双组分表面活性剂复配体系的脱墨效果好，这是由于随着脱墨过程中表面活性剂种类的增加，不同表面活性剂之间的相互作用力增加，协同效应变强，表面活性剂与油墨粒子的相互作用也增强，更有利于油墨的脱除。

通过实验室中的比对，肯定了合成的近中性脱墨剂HT-TM-1的效果。该脱墨剂不仅能有效地提高纸浆白度，更重要的是极大地降低了纸张的残余油墨值，这对于扩大废纸利用率、降低废纸制浆造纸的成本等具有重要意义。

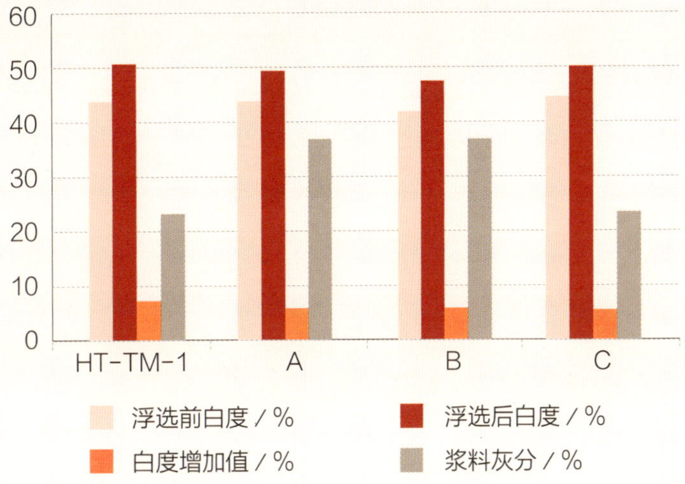

（a）不同脱墨剂效果对比图

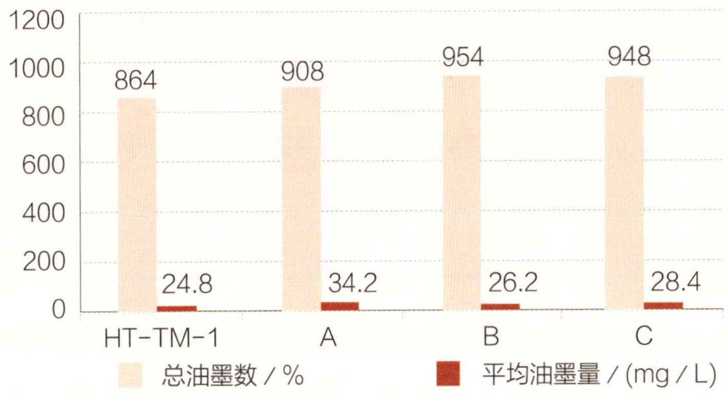

（b）使用近中性脱墨剂后残余油墨对比图

图6-16　表面活性剂复配脱墨实验结果

（3）实施效果

创新团队合成的近中性脱墨剂在山东华泰纸业PM10脱墨制浆示范生产线进行优化。优化后，复配的HT-TM-1近中性脱墨剂可将碎浆的pH值从8.5～9.0降低至7.5，减少碱对油墨、胶黏物等杂质在碎浆过程中的碎化作用，更有利于后段筛选的去除，同时可防止碱黑，有利于系统COD的降低。这一结果说明HT-TM-1在碎浆段能更好地完成油墨的剥离过程，使得在前浮选阶段有更多剥离下来的油墨粒子容易被浮出；车间总排COD和3＃微气浮的COD比优化前明显降低，3＃微气浮由试验前平均为4204 mg/L降至试验后的3314 mg/L，降低了890 mg/L，总排的COD也由试验前的2965 mg/L降至2437 mg/L，降低了528 mg/L，如图6-17所示。

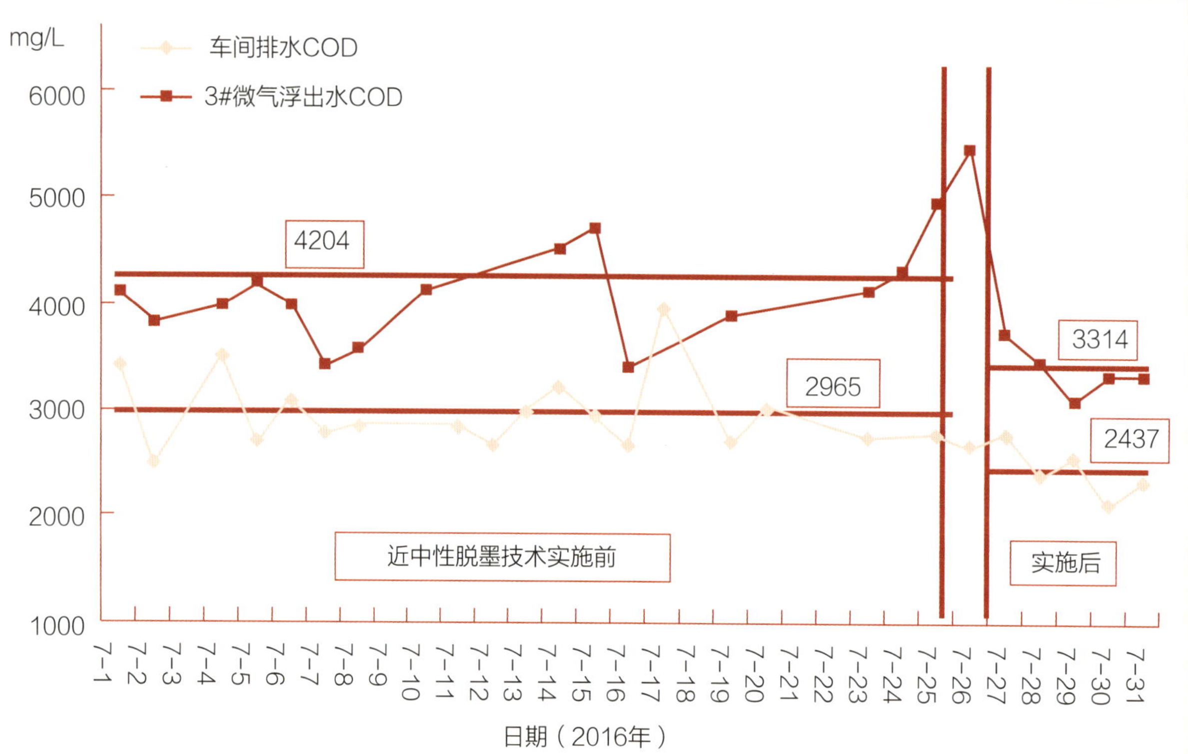

图6-17 技术实施运行效果（排水COD值）

▶关键技术 2

白水梯级循环回用关键技术。

（1）技术原理

研究微气浮净化原理，研发阴离子垃圾捕捉剂和改性助留剂，集成多圆盘白水过滤与三级微气浮处理技术，使白水中80%以上的细小纤维得到回收，实现三回路封闭循环，造纸过程水重复利用率≥90%。

从减少排放的要求出发，现代废纸造纸生产过程中的白水封闭循环程度愈来愈高。微气浮是废纸造纸生产系统重要的白水处理装置，并在其中加入具有聚集和絮凝作用的化学品以提高处理效率。多圆盘浓缩机将废纸制浆造纸过程的浆料浓缩，并回收白水中的纤维，纸浆中80%的废水通过多圆盘浓缩机后，回用于碎浆等工段，同时回收纤维，且排放的废水具有可生化性。如图6-18所示，废纸制浆与造纸过程白水循环系统一般可以分为三个回路：①一回路：废纸碎浆、净化、筛选和前浮选的水循环回路。②二回路：漂白和后浮选部分的水循环回路。③三回路：造纸机网部多余白水处理的循环回路。

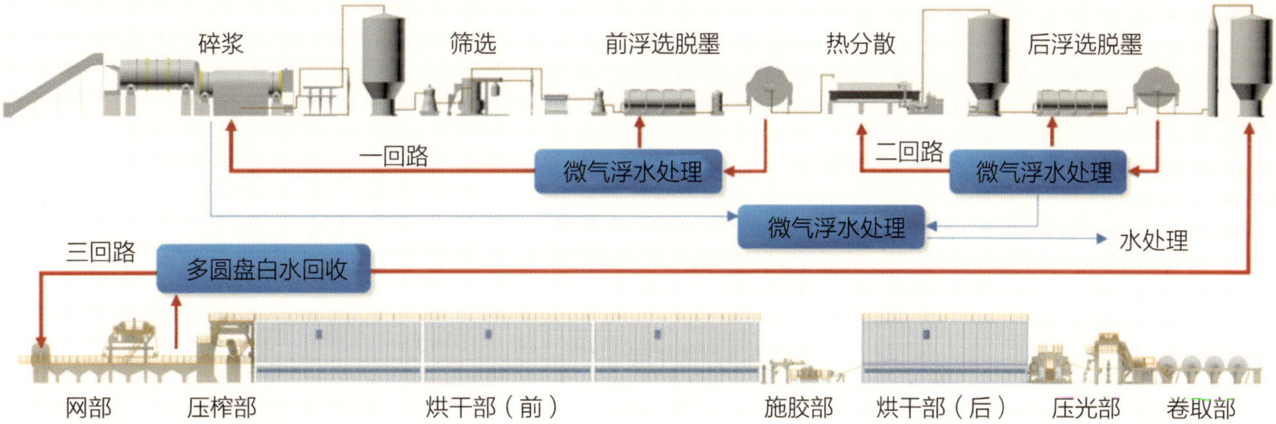

图6-18　白水梯级循环回用系统

（2）应用

提高水循环利用率是废纸制浆造纸水污染控制的关键。图6-19中为示范生产线白水梯级循环回用流程，项目采用多圆盘白水分级和微气浮水处理技术，在示范生产线上实现白水的分质回用，同时优化白水循环回路，建立高级-低级用水单位的三回路梯级利用模式，实现跨车间全过程控制。通过优化，使废水量（纸浆+造纸）降低到8～10 m^3/吨浆，提高纸浆造纸水循环利用率至90%以上，车间外排COD减小到13 t/d。

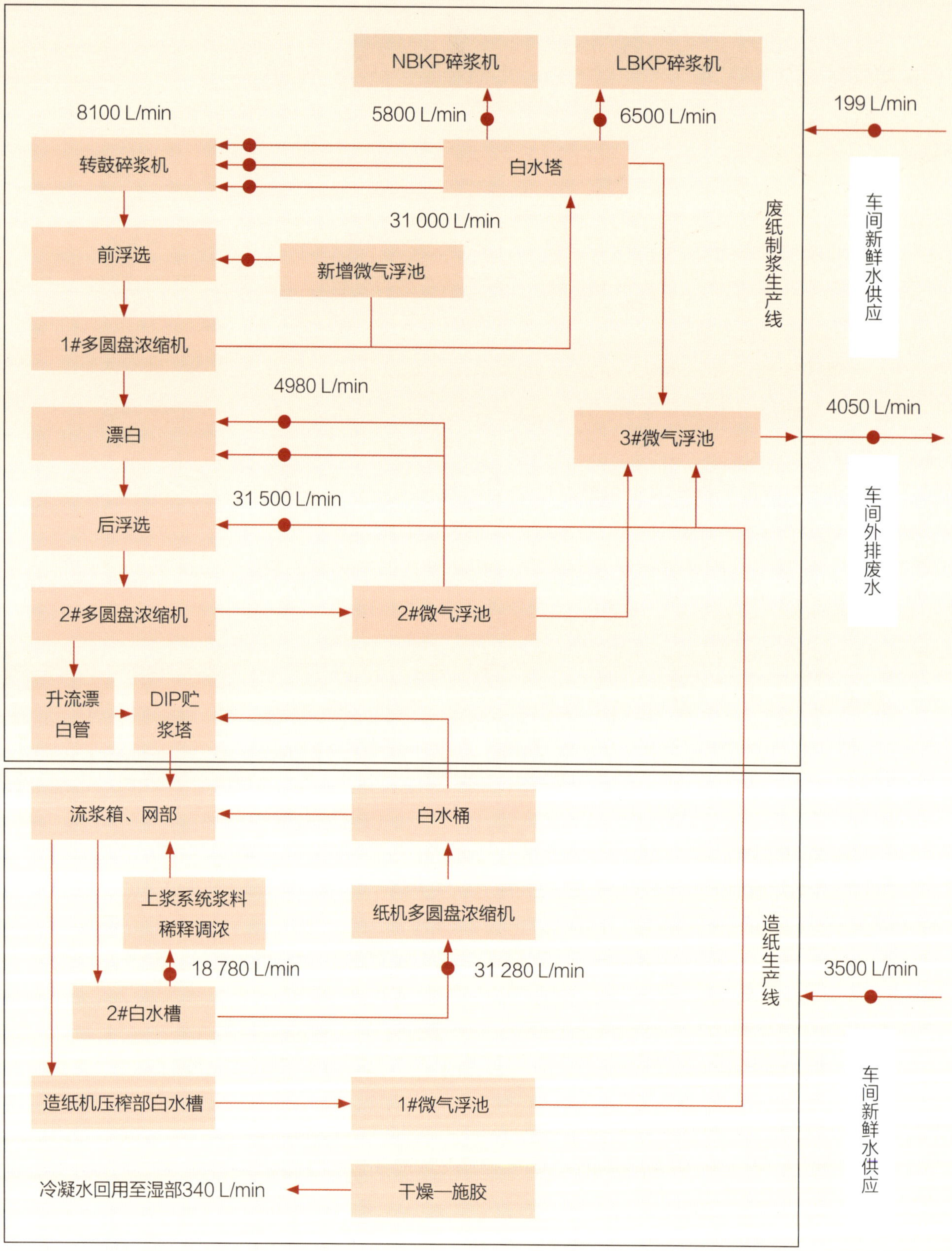

图6-19　示范生产线白水梯级循环回用流程图

▶ 支撑技术 1

高浓碎浆技术。

技术要点：研究高浓碎浆对纤维形态及废纸中夹杂物破碎分离的影响，改进双鼓式高浓碎浆机，使碎浆浓度由10%~15%提高至18%；研究纤维悬浮体流变效应，实现碎浆过程中油墨和纤维的高效分离；精确控制筛选浓度为3.5%~4.5%，提高排渣效率，降低清水用量。

▶ 支撑技术 2

可溶性胶黏物控制技术。

技术要点：研发阴离子垃圾捕捉剂（ATC）和改性助留剂（S-CPAM），对DCS进行有效吸附、包裹后作为填料留在纸浆中，降低废水中DCS浓度，提高循环水洁净度，增加回用率。

▶ 支撑技术 3

废弃物清洁处理技术。

技术要点：废纸脱墨制浆造纸过程产生的废渣、污泥等废弃物占比10%以上，研究其组成及各成分化学特征，实施分类拣选和分类利用，通过燃烧回收热能及纤维回用生产低等级纸品，杜绝了填埋，实现了废纸制浆造纸过程固体废弃物的综合利用。

（第六部分第三节内容由冯郁成汇编）

科技创新点四

木片备料筛余物的清洁制浆技术，实现制浆原料高效利用。

由于我国林木资源较少，人均森林面积不足世界平均水平的1/4，人均森林蓄积量只有世界平均水平的1/7，预计我国造纸行业对进口木浆的依赖将难以改变。2017年以来，国废价格持续走高，给造纸企业成本控制带来较大的压力。我国造纸企业原料成本较高，一般原料成本占纸张制造平均成本的65%～75%，部分企业甚至超过80%。2017年以来，进口木浆价格上涨，以进口木浆为主要原料的造纸企业面临较大的成本控制压力；受“限废令”及排污许可证等政策实施影响，纸企成本控制压力加重，行业集中度得以提升。到2020年，我国木浆总需求量要达到4000万吨/年才能满足我国纸业的需要。如此大的木浆增长量，仅靠优质木材纤维原料远远无法满足市场需求。目前，我国自产木浆约为1000万吨/年，除少量使用针叶材，绝大部分使用的是阔叶材中的桉木、杨木、相思木，无论是化学制浆还是化学机械法制浆，多数使用经过木片筛筛选出的尺寸较为均一的合格木片，以确保得到质量稳定的纸浆产品。

近年来，国内优质木材日益缺乏且价格昂贵，次级杂木、小径林、阔叶林及林产加工剩余物等材质用量不断增加，因而正努力发展得率高、污染少、低能耗、来源广泛的材质生产木浆的方法。其中，利用次级木片、建筑废材和木屑生产本色高得率纤维代替进口废纸是解决国内废纸源不足、质量欠佳的一个重要举措。过筛的木屑由于尺寸规格较小、纤维损伤较多，且有较高含量的抽出物及杂质，采用传统的工艺技术及装备无法将这些原料用于制浆造纸。因此，这些制浆企业大多将过筛的木屑当作废弃物进行焚烧或少量用于低附加值的刨花板生产，造成了纤维资源的极大浪费。目前制浆企业每年备料产生的木屑达150～250万吨/年，而木屑等原料无法采用现有的制浆技术进行正常生产，因此针对木屑的原料特点，开发出一套与之相适应的清洁制浆技术及装备，实现木屑类废弃纤维原料在制浆造纸行业的清洁高效利用，对有效利用林业资源、减少纤维资源的浪费、提高企业的经济效益、缓解我国纸浆纤维资源缺乏状况均具有重要的现实意义。

山东太阳纸业建设的国内第一条年产10万吨木片备料筛余物清洁制浆生产线，采用新技术、新装备、新工艺、新材料，从工艺流程、技术革新、设备管理、节能降耗、资源利用等方面全方位入手，在世界上首次研制开发生物质剩余物本色高得率纤维生产工艺，为我国生物质剩余物制备高得率纤维原料代替高质量废纸寻得一条可行之路。

在化机浆及化学浆生产过程的备料筛选中，会产生6%～10%的木屑等筛余物，这些筛余物用则利、弃则害，是制浆造纸生态环境必须解决的问题。该项目利用化机浆示范工程，针对筛余物的原料特点，研发出与之相适应的清洁制浆技术，实现了筛余物的资源化利用，缓解了造纸纤维原料的短缺问题。

关键技术 1

筛余物连续预蒸解技术。

筛余物成分复杂，杂细胞含量高。该项目通过研究筛余物纤维形态、化学组成及超微结构，低碱条件下木素的软化机理，实现短周期（30 min）、高卡伯值（180）预处理工艺（图6-20），获得较高纸浆得率（>70%）和纸浆强度，如表6-1所示。

表6-1 筛余物连续预蒸解技术相关指标

指标	筛余物清洁制浆	木片化学浆
用碱量 / %	8~10	18~20
液比	1：4	1：2
反应时间 / min	30	180
硬度	180	15~20
得率 / %	>70	<50

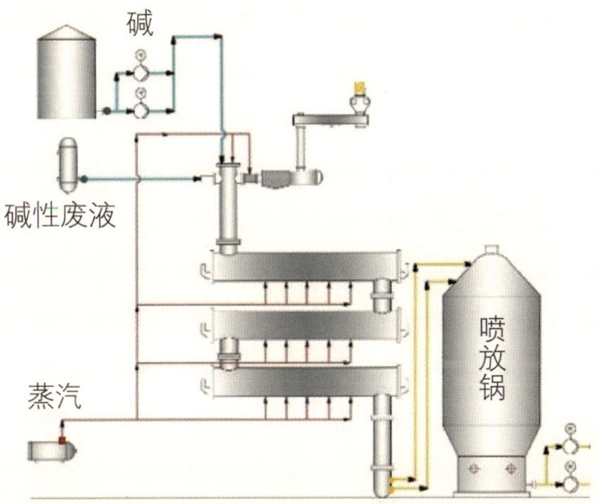

图6-20 筛余物连续预蒸解技术工艺示意图

关键技术 2

适用于筛余物的高低浓协同磨浆技术。

关键技术2 高低浓协同磨浆技术

- 研究磨浆过程纤维分丝帚化机理，研发了低比压高浓磨浆技术，实现中温低能耗协同磨浆，纸浆达到生产高强瓦楞纸质量要求。
- 过程废水按照化机浆废水的处理方法，实现废水资源化利用，减少COD排放。

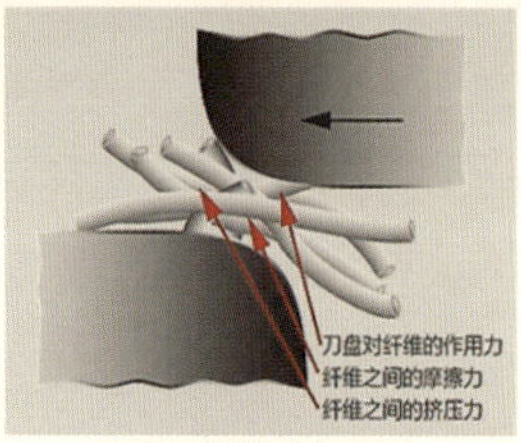

高浓磨浆的机理及受力分析

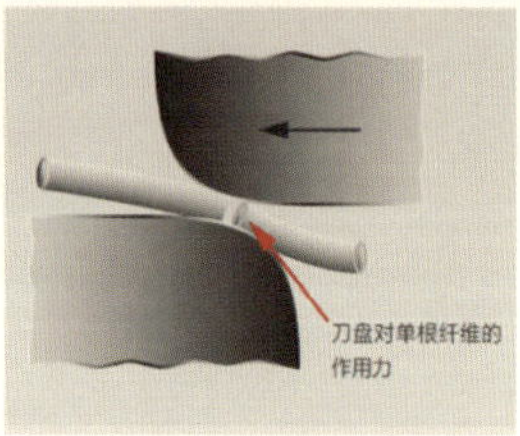

低浓磨浆的机理及受力分析

指标	筛余物半化学浆	木片化机浆
磨浆比压	0.2~0.3	2.0~2.5
磨浆温度	80~90℃	110~120℃
能耗	~600Kwh	~1100Kwh

指标	废纸(生产瓦楞纸)			筛余物
	短纤	中纤	长纤	半化学浆
打浆度,°SR	29.0	39.5	35.0	36.0
松厚度,cm³/g	1.75	1.76	1.79	1.92
抗张指数,N·m/g	21.0	23.8	27.4	28.3
环压指数,N·m/g	6.59	7.35	8.61	9.75

注：答辩现场PPT截图。

支撑技术

废水资源化利用技术。

技术要点：研究预处理废水和纸浆洗涤筛选废水的特性，实现废水封闭循环回用后送碱回收系统资源化处理。

（第六部分第四节内容由陈克复汇编）

科技创新点五

研发末端废水深度处理技术，实现废水污染物的高效降解和污泥资源化利用。

根据近几年我国造纸行业废水处理的经验，要使造纸废水稳定达到GB3544—2008的标准，在原有的二级生化处理基础上进一步采用高级氧化处理技术进行深度处理是行之有效的方法。这其中最有代表性的是Fenton高级氧化法，由于其具有氧化能力强、降解有机

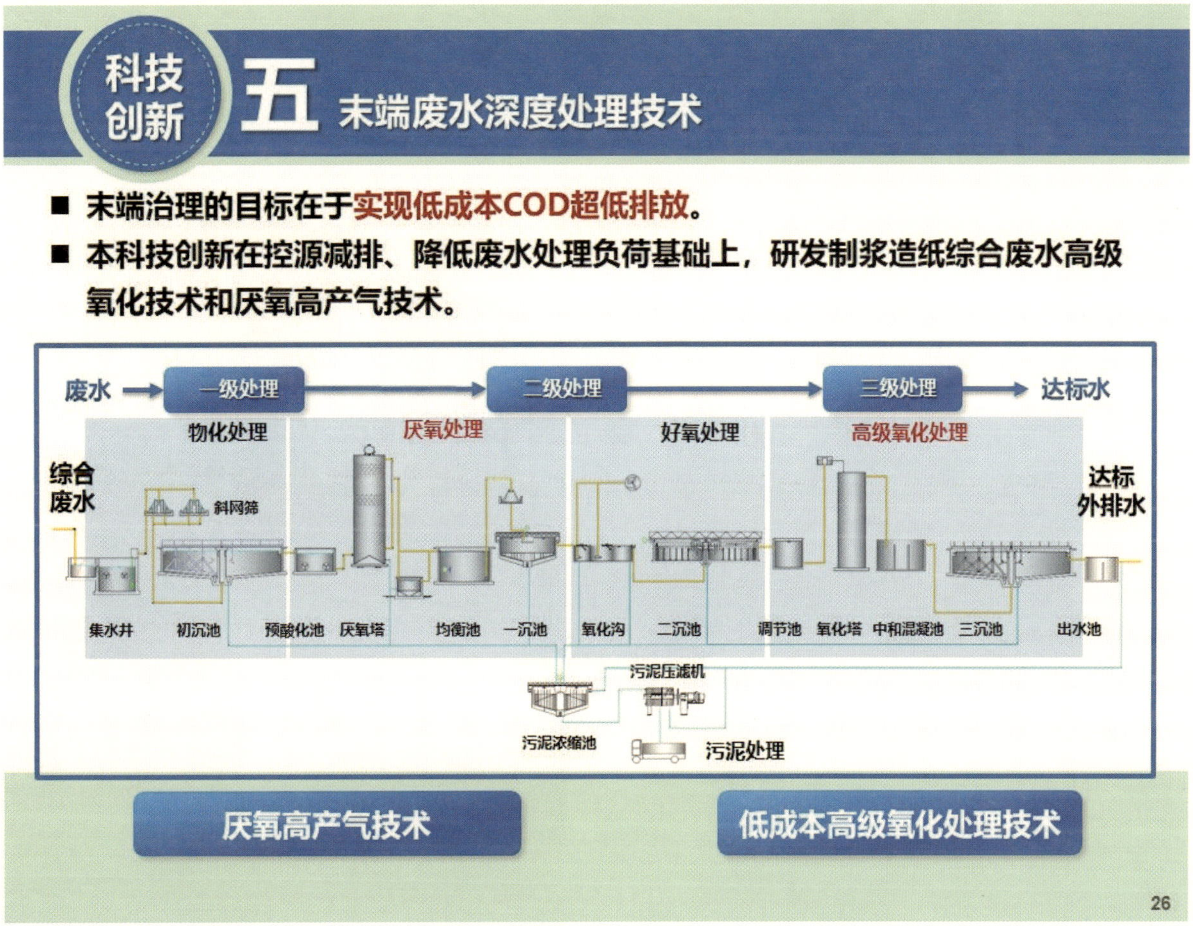

注：答辩现场PPT截图。

图6-21　造纸废水处理现场

物彻底的特点，可迅速降低废水COD和色度，因而在实际生产中已经得到一定范围的推广应用。但通过实地调研发现，该技术仍然存在运行成本高、污泥量大且脱水困难这两个迫切需要解决的问题。为此，创新团队针对性地研发了两项关键技术、一项支撑技术，并进行优化集成，满足了末端废水深度处理的需求。

为了能够在行业内进一步推广应用，创新团队把这一技术应用于国内具有代表性的两家大型造纸企业，即山东太阳纸业股份有限公司和山东华泰纸业股份有限公司，建立示范工程（图6-21、图6-22）。

图6-22　低成本高级氧化废水处理现场

关键技术1 **低成本高级氧化处理技术**

■ **研发了针对特征木质素类有机污染物的高级氧化反应体系和复合试剂，提高H_2O_2利用率，增加COD去除率，并降低处理成本。**

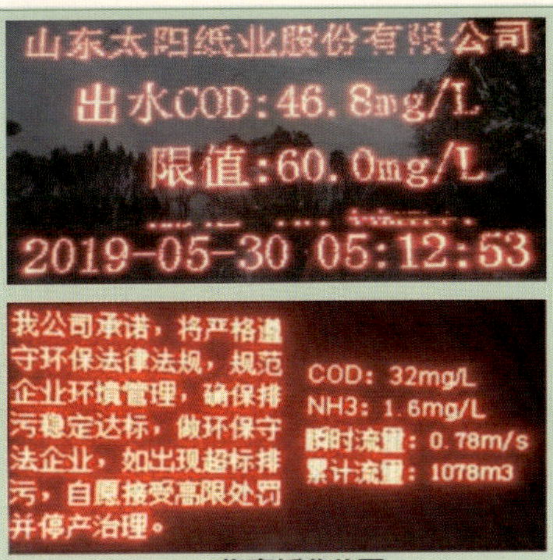

华泰纸业公司

注：答辩现场PPT截图。

关键技术 1

低成本高级氧化处理技术。

Fenton氧化法是在酸性条件下，以Fe^{2+}催化H_2O_2生成具有很强氧化能力的·OH来氧化降解废水中的有机物，达到降低废水的色度和COD的目的，实现废水的净化处理。为了实现该反应，通常需要加入大量商品硫酸亚铁提供反应所需的Fe^{2+}作为催化剂，反应前需要加入硫酸调整废水pH值来满足反应的条件，反应后还需要加入碱液调整pH值才能实现净化后废水和污泥的分离。根据已有的研究资料表明，化学品的费用占Fenton法处理废水总费用50%以上，因此降低化学品的消耗就成为解决问题的关键。

通过大量的研究发现，进入深度处理段的造纸废水中的主要污染物为小分子木素降解物。根据Fenton高级氧化反应特点，创新团队研发出针对造纸深度处理段废水中特征木质素类有机污染物的高级氧化反应体系和复合试剂。既能减少硫酸和硫酸亚铁加入量，又能有效地提高H_2O_2利用率，增加COD和色度去除率，从而大幅度减少化学药品的费用，实现降低废水处理成本的目标。

关键技术 2

厌氧高产气技术。

废水处理中，单位COD的处理费用一般随着处理阶段的增加而增加。因此，尽可能提高预处理段和生化处理段COD的去除率，就能有效地降低废水处理的运行费用。污染物浓度高、难降解有机物成分多、可生化性差等是制浆造纸综合废水的显著特点，而采用厌氧处理可提高废水的好氧生化降解性能也已经是行业的共识。国内大多数制浆造纸厂废水处理都配备了厌氧处理系统，但是产生的沼气由于数量少、纯度低，大多数企业设置火炬燃烧后直接排空，容易造成浪费和环境污染。通过技术研发提高该部分厌氧沼气的产量和纯度，并用于造纸厂的生产之中，可以节约部分生产能耗，实现降低工厂运行成本的目的（图6-23）。

图6-23 厌氧高产气系统

图6-24　沼气提纯系统

创新团队针对制浆造纸综合废水BOD与COD比值低、可生化性差的特点，研发了适用于造纸废水一体式厌氧发酵过程的水解酸化工艺，建立了一个适合造纸行业的甲烷化系统，促进甲烷菌群生长，将沼气转化率提高10%。针对这一系统配备了特殊的厌氧反应器，通过工艺优化，将废水厌氧处理的沼气中甲烷含量由60％提高到70％，为综合利用该沼气创造了条件（图6-24）。该高纯度的沼气可应用于造纸车间，节省纸机烘干部的蒸汽用量。

支撑技术

污泥干化技术。

技术要点：研究污泥脱水机理，优化生化污泥和化学污泥、污泥和化学品的配比，改进污泥干化装备，使出泥干度提高5%，达45%以上，实现燃烧资源化处理（图6-25）。

图6-25　脱水后的污泥

（第六部分第五节内容由莫立焕汇编）

7

第七部分

创新技术的应用

化学机械法制浆清洁生产与水污染全过程控制关键技术应用

示范生产线介绍

该示范生产线依托山东太阳纸业股份有限公司年产15万吨PRC-APMP制浆生产线，其工艺流程方框图和示意图如图7-1和图7-2所示，除关键技术装备和配套装备外，生产线设备由安德里兹（Andtritz）公司提供。

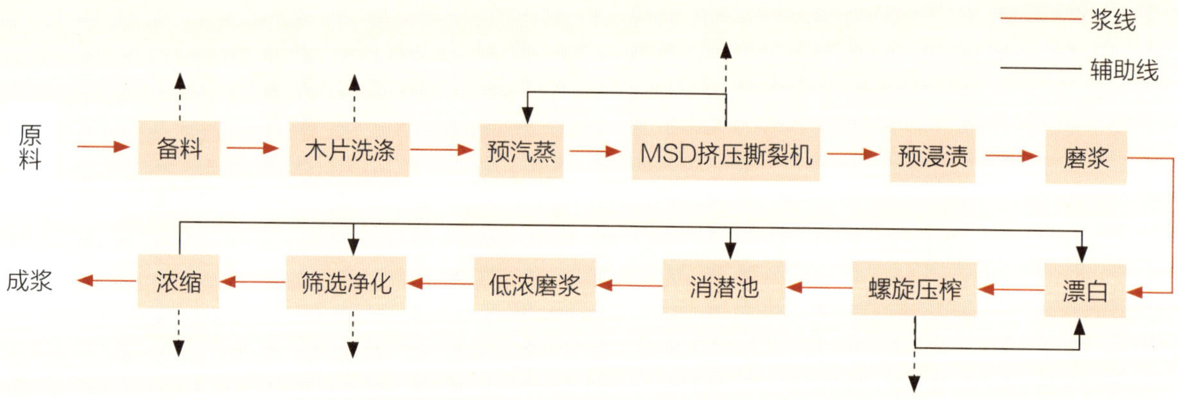

图7-1 化学机械法制浆工艺流程方框图

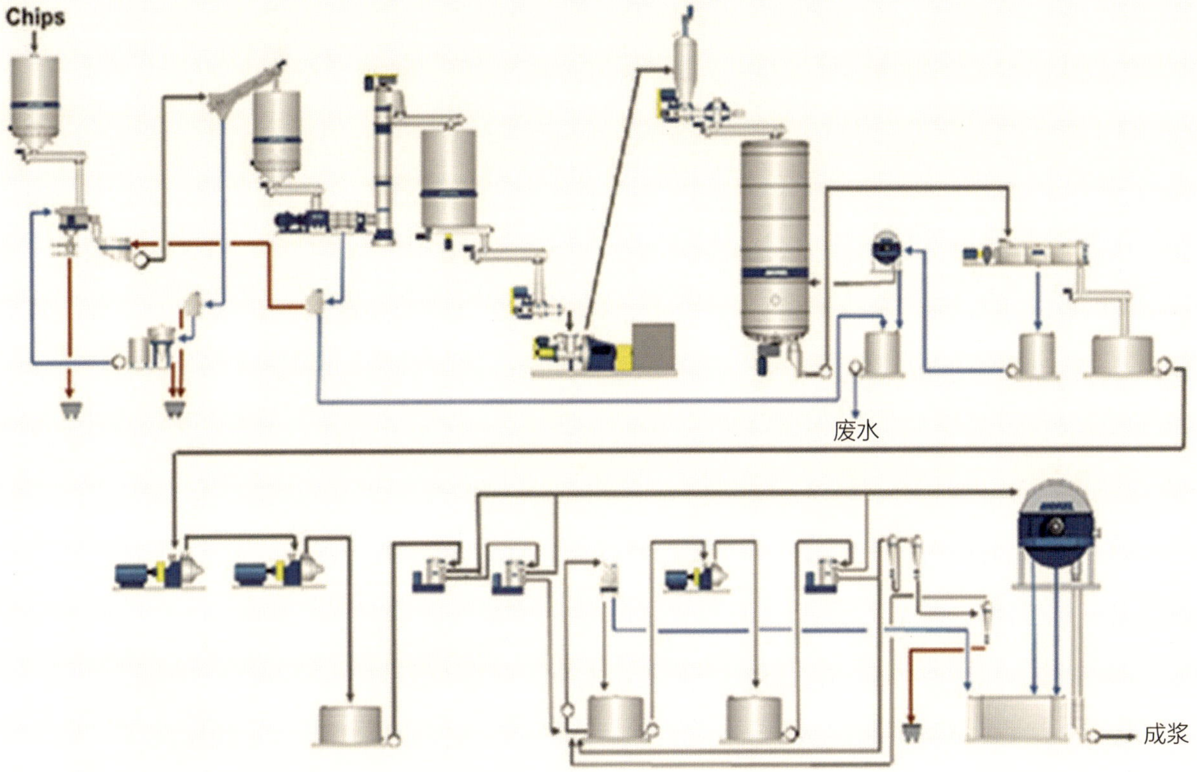

图7-2　化学机械法制浆工艺流程示意图

生产过程废水来源及污染特性

化学机械法制浆生产流程主要包括备料、预处理、磨浆、漂洗、筛选等工段。备料工段主要为原木的干法剥皮、削片，以及木片筛选和木片洗涤；预处理工段主要包括预汽蒸、MSD挤压撕裂、预浸渍；磨浆工段主要是指高浓磨浆、低浓磨浆；漂洗工段主要是指高浓过氧化氢漂白、螺旋压榨洗涤；筛选工段主要是过压力筛、渣浆磨、浓缩机等。其中，木片洗涤、MSD挤压撕裂、螺旋压榨洗涤、筛选及浓缩等过程均会产生废水。本示范工程以木片为原料，采用PRC-APMP化学机械法制浆，其生产过程的排水节点简图如图7-3所示。

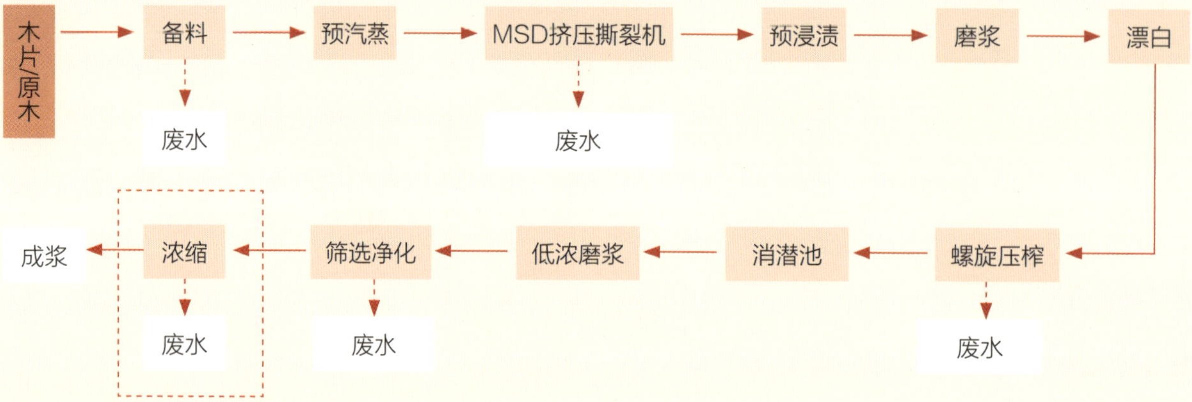

图7-3　化学机械法（PRC-APMP）制浆工艺过程排水节点简图

废液产生源主要有以下五类：木片洗涤水、挤压撕裂机MSD挤出的废液、螺旋压榨机SP挤出的废液、筛选净化的排渣水，以及纸浆浓缩产生的浓缩废水（白水）。通过对示范工程各主要工序产生的废水、循环回用中间池的废水中的污染物进行现场取样（图7-4）和测试分析（图7-5）得出废水中主要污染物。

图7-4　现场取样图

▶ 废水污染源高效减排

针对化学机械法制浆废水排放点多、排放相对分散的特点，创新团队通过系统改造，加强过程废水的收集与净化，实现废水浊清分流、分层处理、分段回用，减少纤维流失，提高废水回用率，降低了废水量。

（1）木片洗涤水的净化回用

木片洗涤平均用水量约20 m^3/t，为降低洗涤废水排放量，研发了组合净化处理技术（图7-6），使废水循环回用率达到95%以上。

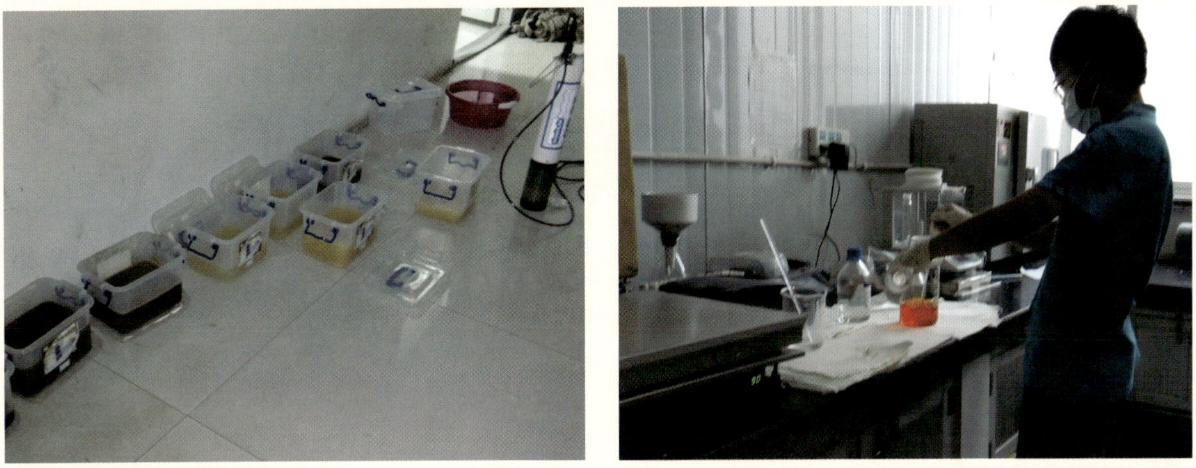

图7-5　现场废水水质分析

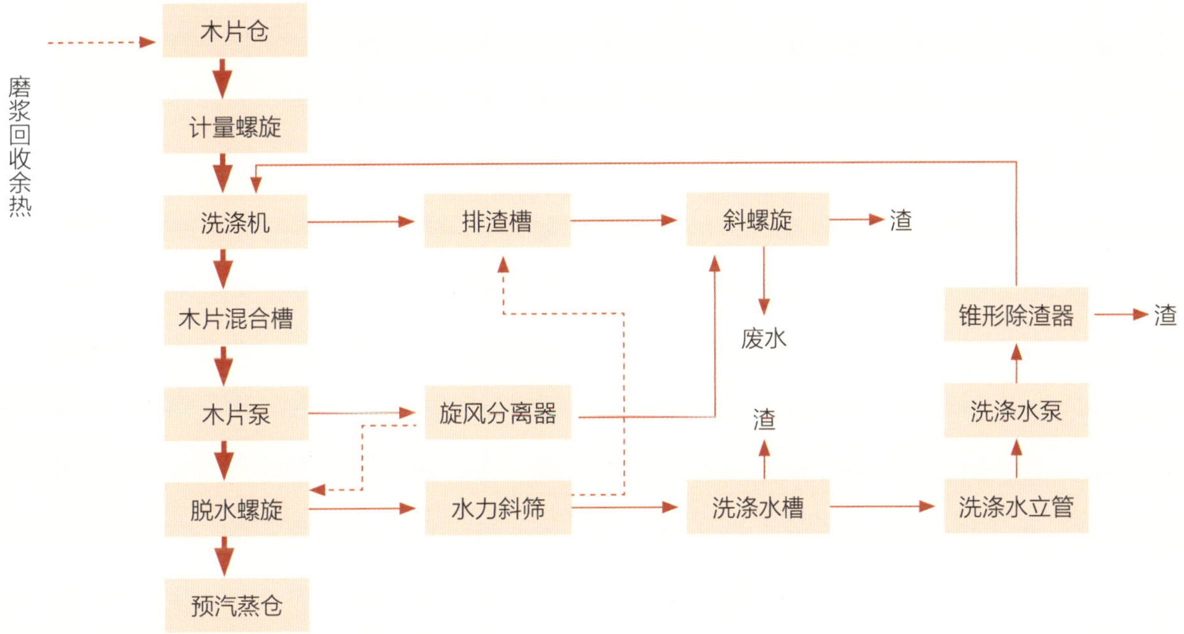

图7-6　木片洗涤水净化回收

（2）挤压撕裂机废水回收利用

为充分利用纤维原料，创新团队重新设计了废水处理装置，如图7-7所示。

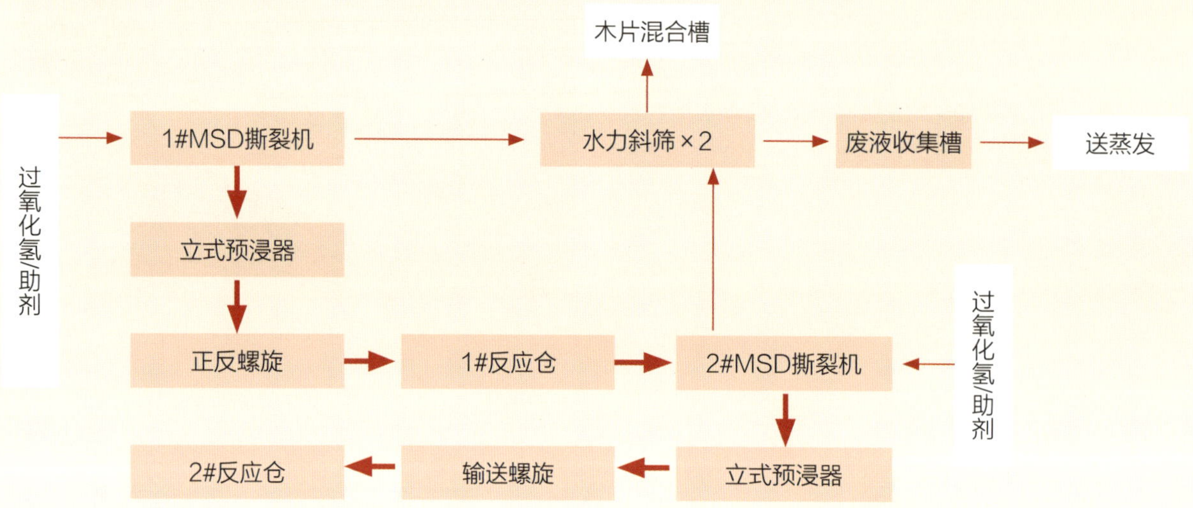

图7-7　挤压撕裂机废水回收利用

（3）螺旋压榨机废水回收利用

螺旋压榨机废水中含有大量的木素、碳水化合物等有机物，以及残留的化学品和细小纤维等悬浮物，为了减少化学品用量，降低废水污染负荷，创新团队设计了专用的净化处理设备，并尽可能地回用废水（图7-8）。

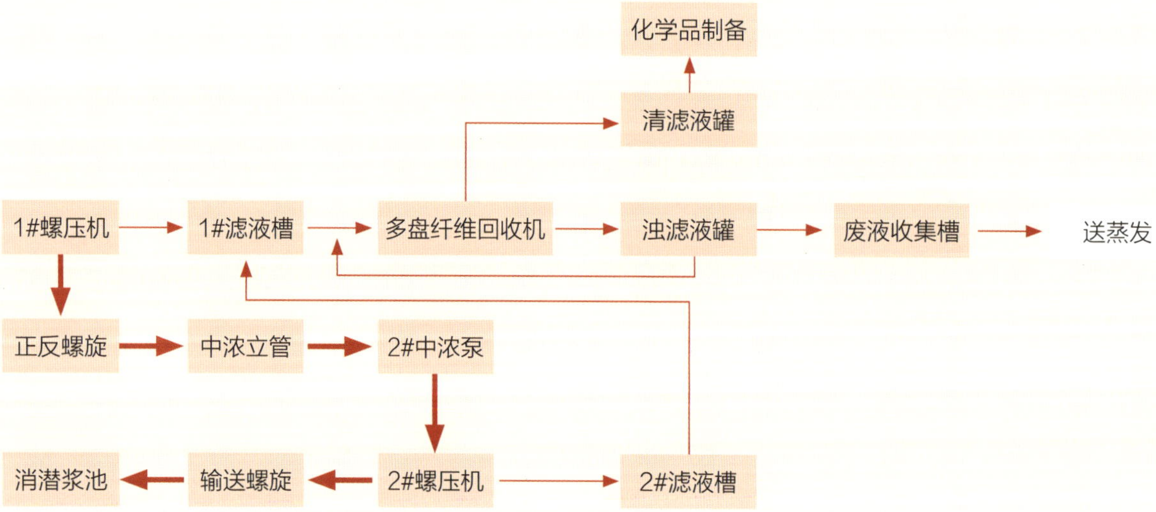

图7-8　螺旋压榨机挤出废液回收利用

（4）筛选净化废水的回用

筛选浓度范围一般在3%~6%，用水量较大，筛选出的浆料通过多盘浓缩机进行纤维浓缩和滤液分离，分离的滤液在滤液槽中沉淀后分为浊滤液和清滤液，浊滤液循环回用于漂白塔、消潜池等处浆料的稀释，清滤液则循环回用到系统各补水点（图7-9）。

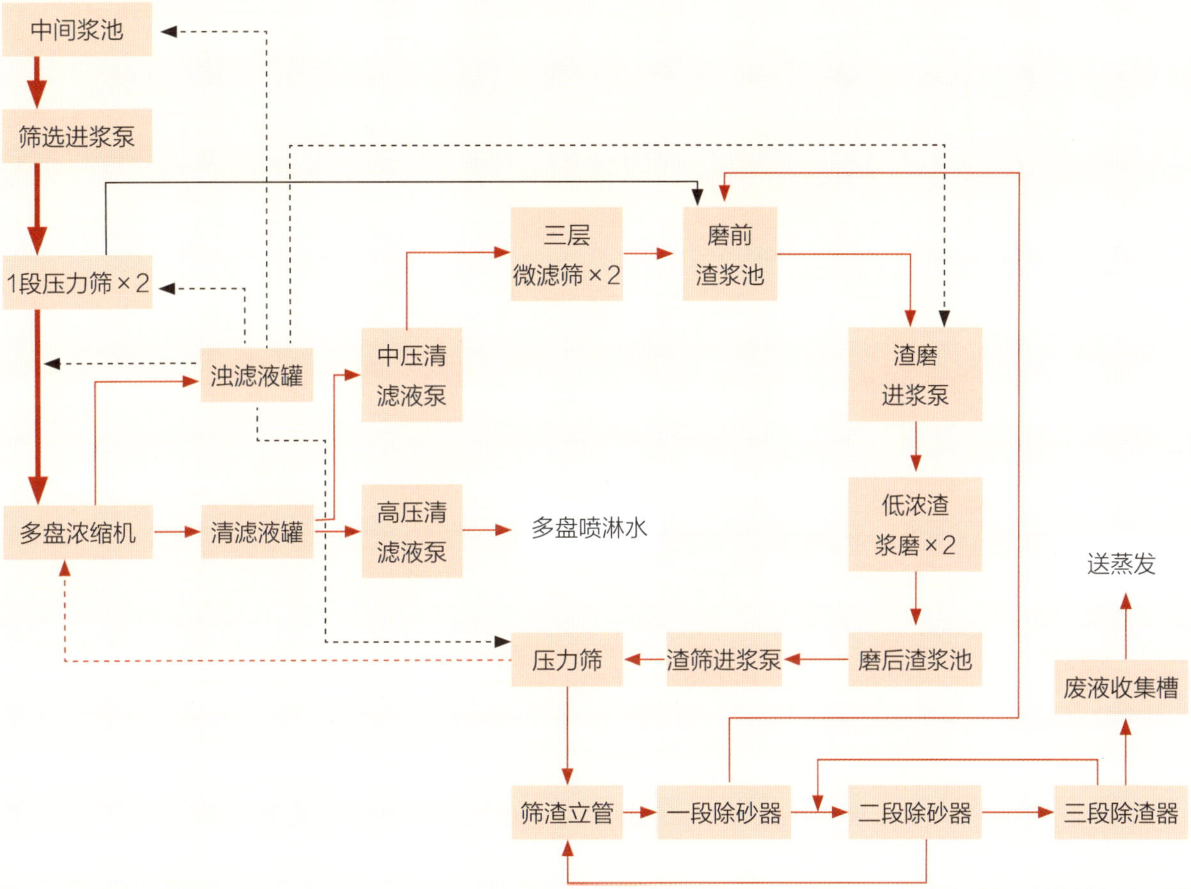

图7-9　筛选净化废水的回收利用

上述技术在生产线上实施后，水循环网络更加合理，并成功地实现了水污染源高效减排，废水量由原来的13~15 m^3/t减至5~7 m^3/t，降低了50%；废水固形物浓度由原来的约1.5%提高到2%~3%，为后续蒸发燃烧资源化处理创造了有利条件。

注：除非特别说明，本章中的浓度均为质量浓度。

▶ 废水高效低耗组合蒸发燃烧资源化处理

示范生产线将机械蒸汽再压缩（MVR）蒸发技术应用于低浓低黏废水的蒸发（图7-10），与传统多效蒸发相比，占地面积小，效率高，能耗低。

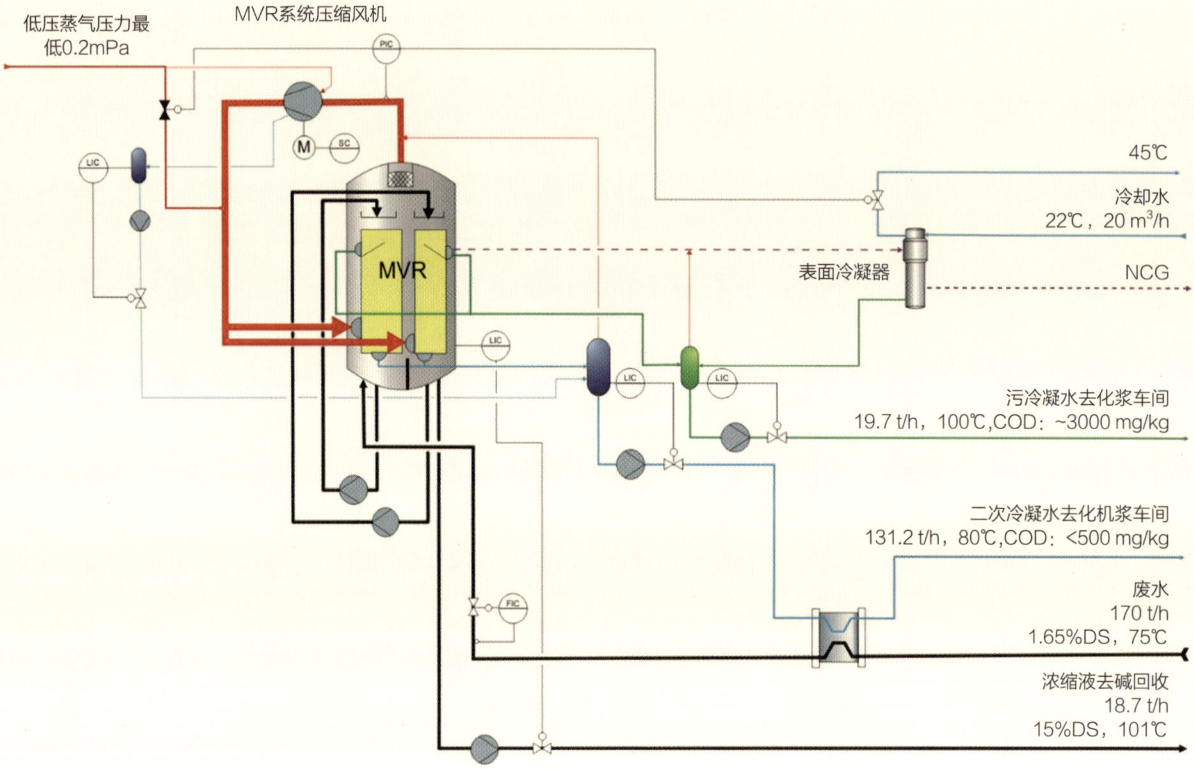

图7-10　废水MVR蒸发水网络示意图

MVR预浓缩后，废液浓度已达到15%左右，达到化学法制浆送蒸发黑液的浓度，可采用国内成熟的碱回收技术进行后续处理。由于化学机械法制浆废水的悬浮物含量及Si含量较化学法制浆黑液要高，采用常规降膜蒸发器易堵塞，因此项目采用了强制循环蒸发器作为MVR预浓缩废液的二级蒸发，并针对化机浆废水特性，对分配器、除沫器、循环管道等进行了优化设计，减少了蒸汽耗量，降低了汽耗比和运行成本。和降膜蒸发器相比，强制循环蒸发器发生在管内的蒸发更加强烈，比降膜蒸发器的优势更加明显。

通过这一组合蒸发，既发挥了MVR蒸发能耗低的优势，又发挥了强制循环蒸发抗垢性好、投资较低的优势，与常规单独多效蒸发工艺相比，具有更好的经济性，实现了化机浆低浓废水的高效低耗蒸发，最终与化学浆废水配合进碱回收系统，实现化机浆废水的资源化利用。

▶ 示范生产线照片

示范生产线照片如图7-11至图7-15所示。

图7-11　化学机械法制浆示范工程车间外景

图7-12　化学机械法制浆废水MVR蒸发系统

图7-13　化学机械法制浆示范工程车间内景

图7-14　化学机械法制浆废水二级多效蒸发系统

图7-15　碱回收系统

▶技术应用效果

这一集成技术在山东太阳纸业股份有限公司应用实施后，各项指标较改造前有了很大提升。如表7-1所示，废水中悬浮物含量下降60%，Ca/Mg离子浓度下降80%，二次蒸汽夹带有机物下降57%，极大地提高了MVR的运行效率；清垢周期由原来的15~20天，提高到30~40天，增加1倍。经二级蒸发处理后，废液浓度达到57.6%，可直接送碱回收系统燃烧处理，实现近“零排放”。

表7-1　技术改造前后废水水质变化及MVR运行周期

指标	改造前	改造后	效果
悬浮物含量 /（g/L）	~5	~2	↓60%
Ca/Mg浓度 /（mg/L）	~2.81	~0.57	↓80%
蒸汽夹带有机物 / 种	46	22	↓57%
运行周期 / 天	15~20	30~40	↑1倍

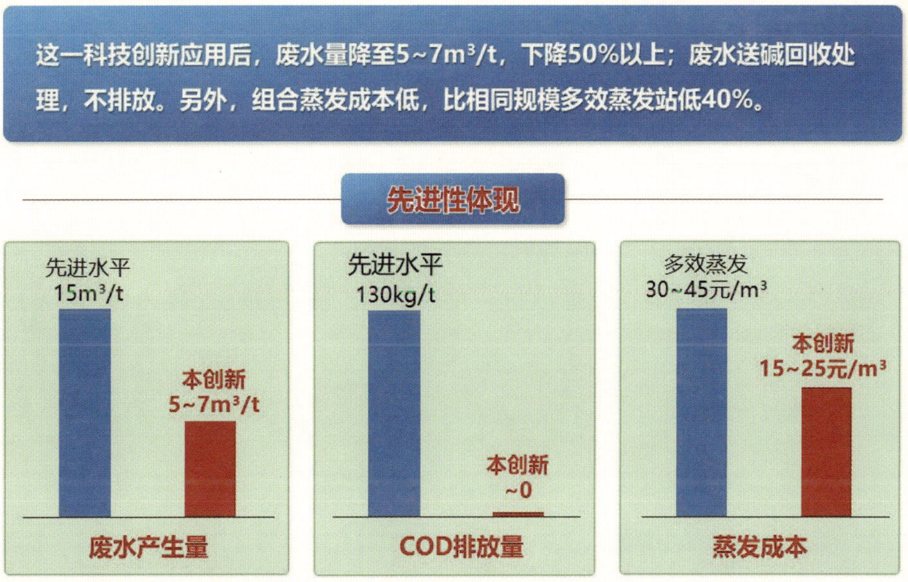

注：答辩现场PPT截图。

（第七部分第一节内容由徐峻汇编）

化学法制浆清洁生产与水污染全过程控制关键技术应用

示范生产线介绍

该示范生产线依托山东太阳纸业股份有限公司年产20万吨高纯度化学法制浆生产线，其工艺流程方框图和示意图如图7-16和图7-17所示，除关键技术和配套装备由国内提供外，生产线设备由安德里兹（Andtritz）公司提供。

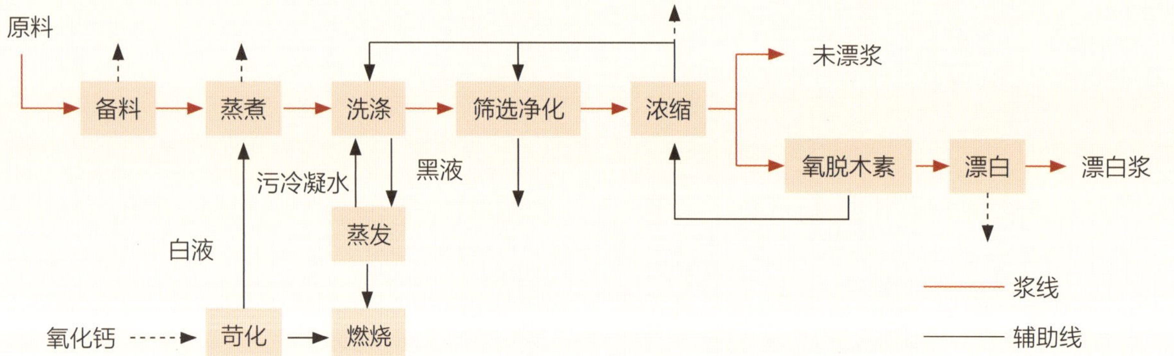

图7-16 化学法制浆工艺流程方框图

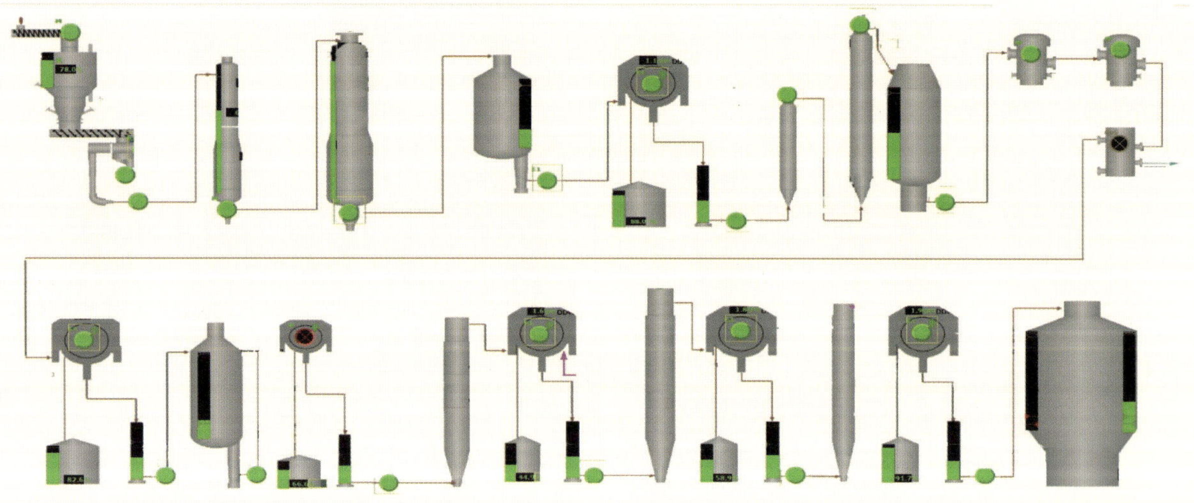

图7-17 化学法制浆工艺流程示意图

▶ 生产过程废水来源及污染特性

化学法制浆生产流程主要包括备料、蒸煮、洗涤、筛选净化、氧脱木素和漂白等工段。其工艺过程为：木片原料经备料工段处理后进入蒸煮工段，在化学药液作用下蒸煮得到的粗浆经过洗涤、筛选净化工段，再通过氧脱木素及漂白工段生产纸浆；洗涤工段产生的黑液经蒸发后进入碱回收炉燃烧，燃烧后的熔融物经苛化工段产生白液和白泥，白液回到蒸煮工段作为蒸煮药液，产生的白泥通过石灰窑煅烧生成氧化钙回用到苛化工段。

化学法制浆排水节点简图如图7-18所示。

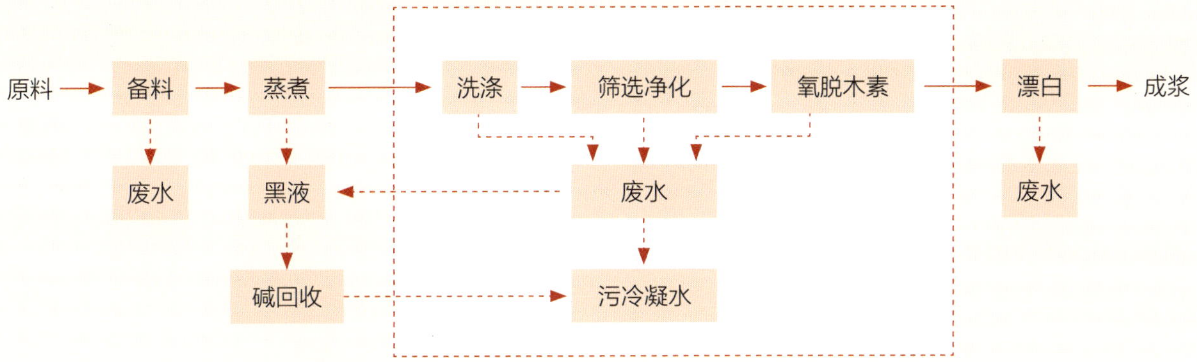

图7-18　化学法制浆排水节点简图

典型化学法制浆废水主要包括备料废水、蒸煮黑液及其蒸发产生的污冷凝水、筛选净化废水和漂白废水等。主要污染物为碳水化合物的降解产物、低分子量的木质素降解产物、有机卤化物及水溶性抽出物等。蒸煮黑液经过滤后进入碱回收车间回收化学药品和热能；洗涤筛选净化过程产生的废液与黑液汇合送碱回收；漂白工段产生的是ECF或TCF漂白废水。

▶ 废水污染源高效控污减排

化学法制浆的各个工序均会产生废水，其废水排放点主要来自各个工段的洗浆机。创新团队通过系统改造，提高黑液提取率，降低漂前纸浆硬度，减少漂白剂消耗，降低中段废水污染负荷。

（1）蒸煮和氧脱木素协同的深度脱木素

团队通过对蒸煮历程的研究，对蒸煮工艺进行改进：蒸煮药液分四个部分加入，在蒸煮区优化分配各部分的蒸煮药液，实现蒸煮过程三级深度脱木素（图7-19）。在节约化学品的同时，降低未漂浆残余木素量，提高纸浆可漂性。

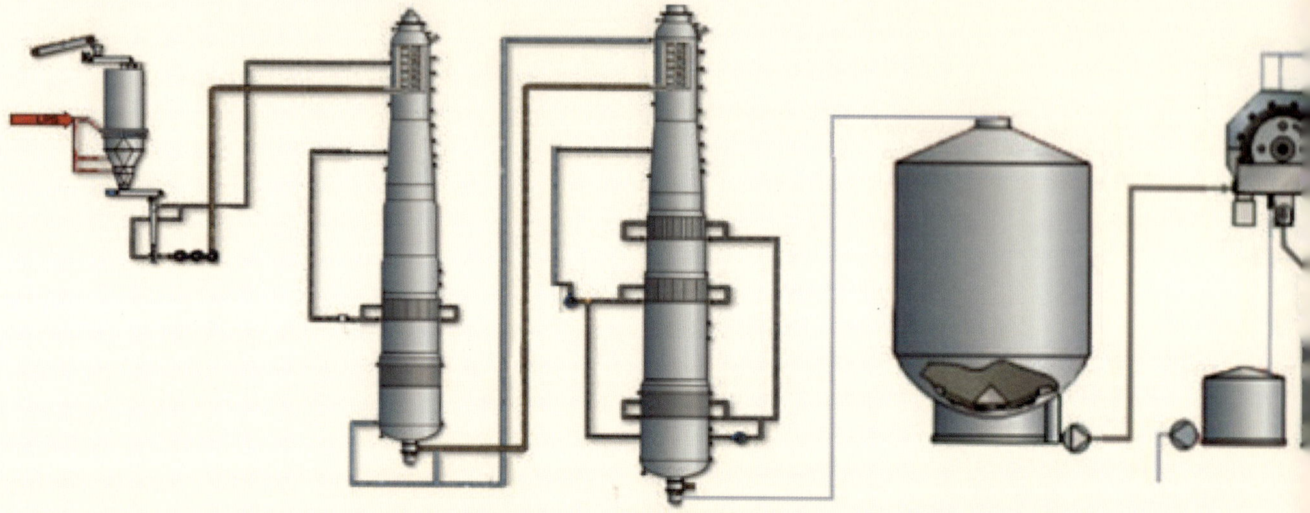

图7-19 化学法制浆蒸煮和氧脱木素协同深度脱木素

国内外生产实践均证明，在蒸煮和漂白之间采用氧脱木素是进一步脱出纸浆中残余木素的最有效的方法。为了提高氧脱木素的选择性和脱木素能力，目前发展了两种提高氧脱木素选择性的技术，本项目采用两段氧脱木素新技术。对于两段氧脱木素，通常第一段采用高的碱浓度和氧气压力，以达到高的脱木素率，此时的温度较低，反应时间较短，以防止纸浆黏度的下降；第二段的主要作用是抽提，化学品浓度和氧压都较低，而温度较高，时间也较长。项目团队在两段氧脱木素的基础上，在第二段加入少量过氧化氢进行强化，既降低了第二段温度，又提高了漂前浆白度，在保证纸浆黏度的情况下，脱木素率达到70%。

通过结合蒸煮脱木素和氧脱木素，团队构建了协同深度脱木素技术，使漂前脱木素率达到97%以上，为后续漂白创造了有利的条件。

（2）低排放清洁漂白

示范工程化学法制浆漂白工序采用的是D-E-D三段漂白。由于浆料经过蒸煮与氧脱协同深度脱木素后，纸浆的硬度（卡伯值）低、可漂性好，通过一段二氧化氯漂白和碱抽提处理即可达到80% ISO的白度，满足一般应用要求；经二段二氧化氯漂白后，在较高二氧化氯用量下，白度可以达到90% ISO的目标白度；但因二氧化氯用量较高，漂

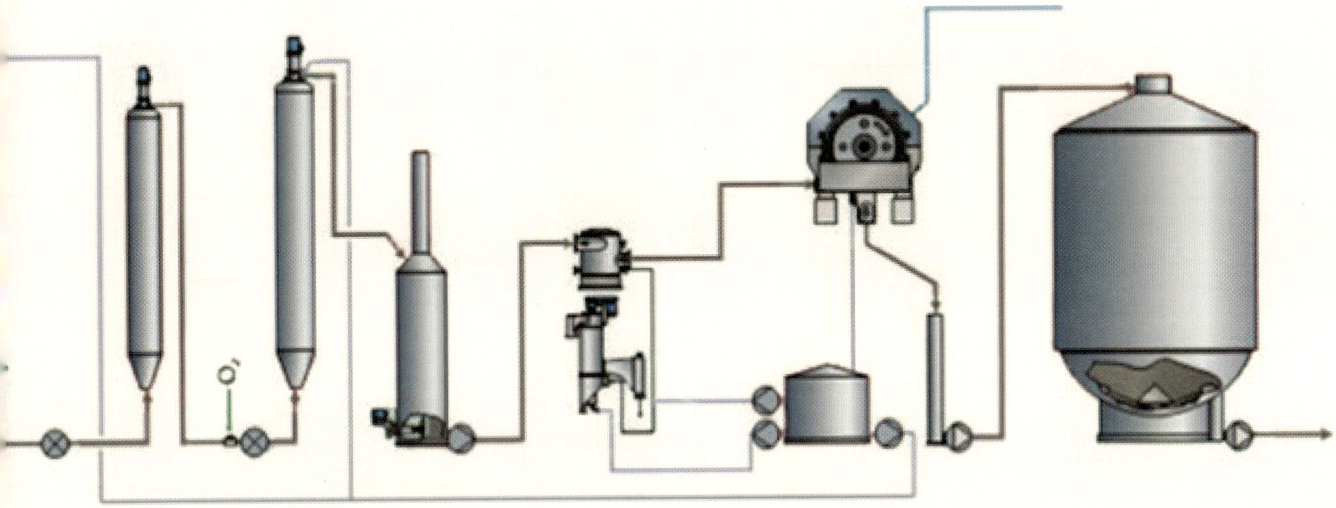

白过程产生的有毒有害污染物AOX仍较高。通过将原来的常规碱抽提Ep工艺改为氧强化的压力碱抽提Eop，可以显著提高出Eop段的纸浆白度，进而在达到相同白度的条件下，降低第二段二氧化氯用量20%以上，且Eop段废水和D1段废水色度浅、污染物浓度低，有利于逆流回用。

同时，如图7-20所示，集成优化高效置换转鼓、双辊和三段逆流洗涤技术，有效实现废液与纤维的分离，强化了生产过程中水的逆流和封闭循环利用；漂白过程只有D0段有废水排出，废水量降至20m³/吨浆以下，COD也减少至1 000mg/L以下；降低末端废水治理费用，实现了低成本超低排放。

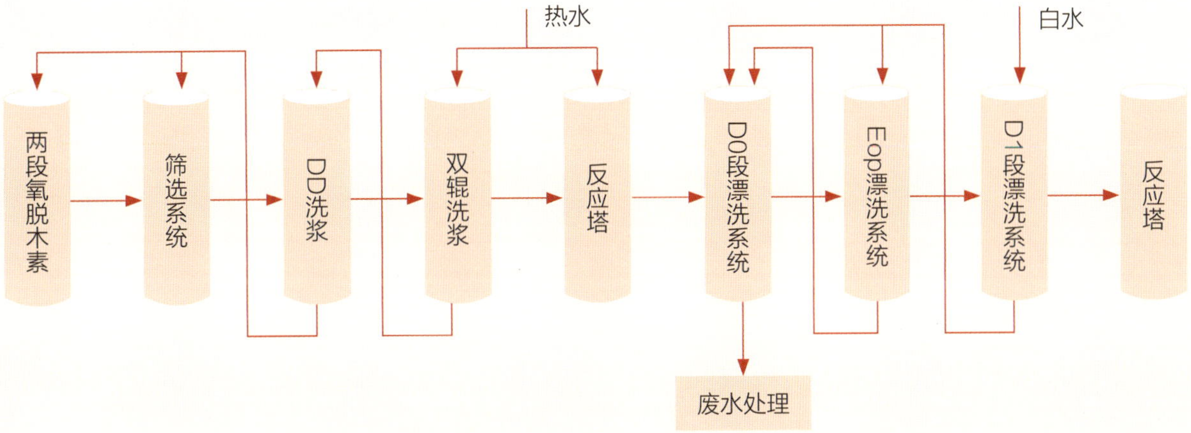

图7-20　化学法制浆漂白废水循环回用示意图

示范生产线照片

示范生产线照片如图7-21至图7-25所示。

图7-21　漂白系统

图7-22　示范生产线车间外景

图7-23　示范生产线车间内景（转鼓置换洗浆机）

图7-24　示范生产线车间内景（双辊洗浆机）

图7-25　蒸煮和氧脱木素系统

▶技术应用效果

这一集成技术在山东太阳纸业股份有限公司应用实施后，各项指标较改造前有了很大提升，如表7-2所示。木素脱出率提高到96%~98%；半纤维素分离率达到90%；送末端废水处理系统的废水量降至18~20m³/t；COD浓度低于1000mg/L，下降50%以上。与国家发改委等发布的《制浆造纸工业清洁生产评价指标体系（2015）》对比，项目技术水平优于其中I级基准值，即达到国际领先水平。该技术目前已推广到山东太阳宏河纸业股份有限公司年产30万吨化学法制浆生产线，以及太阳（老挝）年产30万吨化学浆制浆生产线，均取得了显著的节水减排、提质增效的结果。

表7-2　技术改造前后各项技术指标与国际领先水平对比

技术指标	应用前	应用实施后水平	国际领先水平
废水量/（m^3/t）	30~35	18~20	28
COD负荷/（kg/t）	45~60	25~30	30

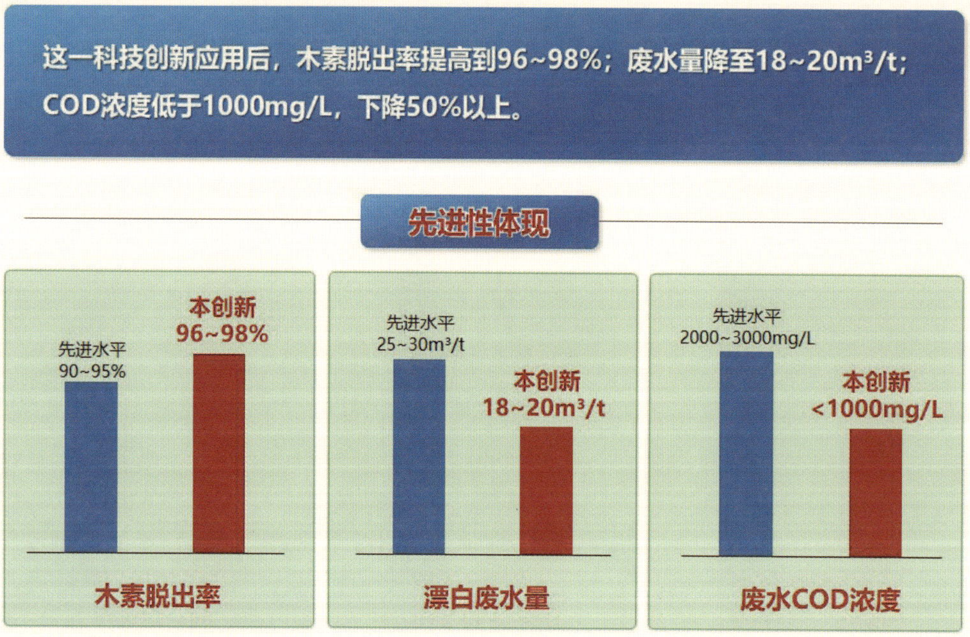

注：答辩现场PPT截图。

（第七部分第二节内容由徐峻汇编）

废纸制浆造纸清洁生产与水污染全过程控制关键技术应用

该科技创新技术应用于山东华泰纸业股份有限公司PM10年产15万吨废纸脱墨制浆及造纸生产线，作为示范工程，实现制浆过程水重复利用率≥95%，造纸过程水重复利用率≥90%，废水排放量≤10 m^3/吨纸，废水中DCS浓度降低20%以上，COD减排15%。经第三方评估和专家鉴定，其技术达到国际领先水平。

示范生产线介绍

示范工程依托于山东华泰纸业股份有限公司PM10年产15万吨废纸脱墨制浆及造纸生产线。该生产线以废纸为主要原料，采用高浓碎浆和近中性脱墨浮选制浆，用于文化纸造纸生产线的配抄。该示范工程位于山东省境内。

通过对示范生产线的废纸脱墨浆生产过程与造纸生产过程水污染产生源进行分析，创新团队重点提炼和集成废纸脱墨制浆过程高浓碎浆技术、近中性浮选脱墨技术、造纸过程白水封闭循环技术、阴离子垃圾捕集技术，并将关键技术集成在示范生产线的技术升级改造中。示范生产线的高浓碎浆技术、近中性脱墨技术和阴离子垃圾捕集技术等的成效，直接影响废纸制浆造纸过程的白水封闭循环回用程度，从而影响制浆生产过程和造纸生产过程水重复利用率。

示范生产线工艺流程如图7-26所示，该示范工程是废纸制浆及造纸生产线的典型案例，碎浆设备采用双鼓式碎浆机，分别由以碎浆作用和筛选作用为主的两个圆鼓构成，具备高浓碎浆的特点。浮选采用前后两段、两级浮选槽，具备近中性脱墨技术实施的基础。纸机具有3个多盘，白水封闭循环程度高，故示范技术高浓碎浆技术、近中性浮选脱墨技术、造纸白水封闭循环技术、DCS捕集技术等均可在本生产线应用，因此项目具备很强的示范作用。

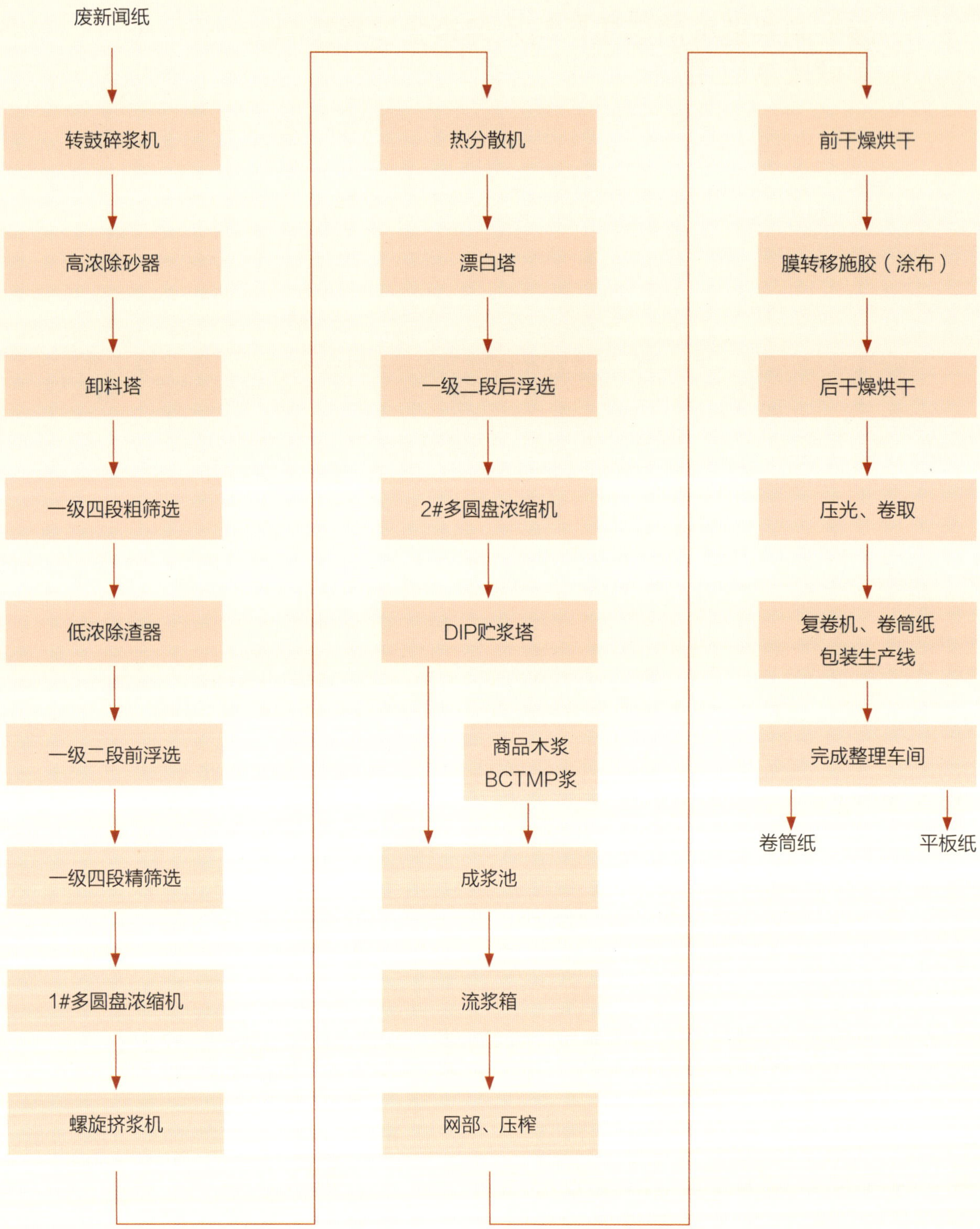

图7-26　示范生产线工艺流程图

▶示范工程生产线的提标改造优化方案

优化高浓碎浆技术，对转鼓碎浆机进行升级改造。

优化改造针叶木浆、阔叶木浆制备系统及连续打浆系统。

在示范生产线应用近中性脱墨技术，降低脱墨过程的pH，减少制浆废水COD排放浓度；优化浮选流程，增加三段浮选，提高浆料白度，降低系统微细胶黏物含量。

优化三回路白水封闭循环工艺流程。

优化车间污水总排处理系统，增加3#微气浮池，使外排废水COD由原来平均4204 mg/L降至2437 mg/L。

纸机蒸汽冷凝水综合利用改造，改造原纸机蒸汽冷凝水系统，降低蒸汽消耗，同时回收的冷凝水约80%回用于生产过程用水，年节约清水用量约17万吨。

造纸机改造：流浆箱后干燥和通风系统改造，并增加膜转移施胶机，生产高质量的低定量涂布纸，提高产品质量。

示范生产线照片

示范生产线照片见图7-27至图7-34。

图7-27 通风系统改造

图7-28 流浆箱改造

图7-29 膜转移施胶机安装

图7-30 微气浮池改造

图7-31　后干燥改造

图7-32　双转鼓碎浆机改造

图7-33　浮选槽改造

图7-34　改造后的造纸机示范生产线

▶技术应用效果

示范生产线的技术升级改造于2016年1月完成，2016年4月投入正式生产。改造前后各项指标对比如表7-3所示。

表7-3　示范生产线改造前后对比

序号	指标	优化改造前	优化改造后
1	产能 / （万吨/年）	15	18
2	废水量（纸浆+造纸） / （m^3/吨浆）	11～12	8～10
3	制浆水循环利用率 / %	<85	≥95
4	造纸水循环利用率 / %	~85	≥90
5	车间外排COD / （t/d）	~15.6	~13.0

这一科技创新应用后，制浆和造纸过程水重复利用率分别达到95%、90%；废水量低于10m³/t，减少50%；COD浓度低于2500mg/L，下降15%以上。

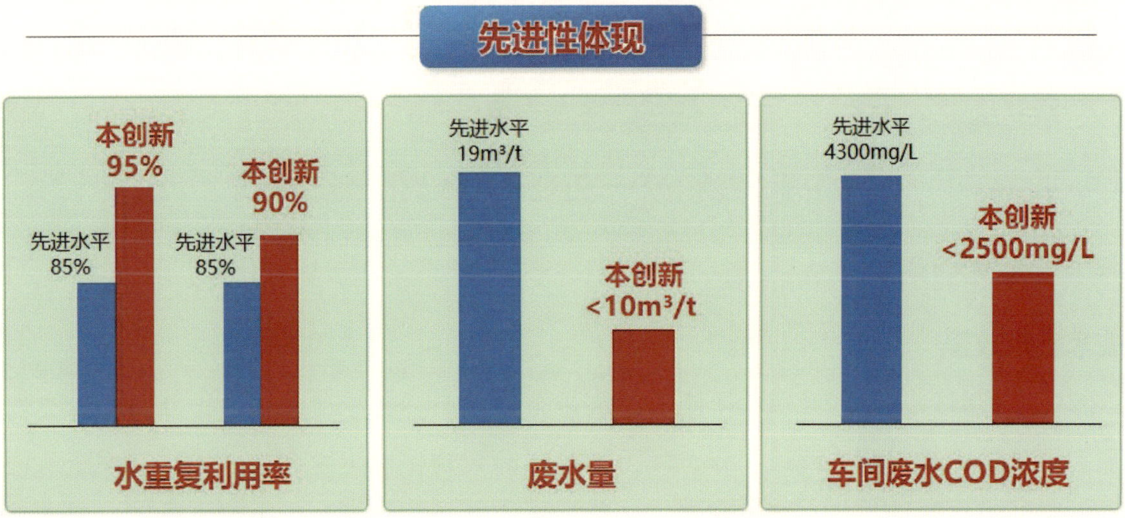

注：答辩现场PPT截图。

（第七部分第三节内容由冯郁成汇编）

木片备料筛余物的清洁制浆技术的应用

示范生产线介绍

- 木片备料产生6~10%的筛余物，以往都烧掉。**本项目创新半化学制浆方法，为废弃原料的回收利用提供新的解决方案。**
- 本科技创新研发连续预蒸解技术和高低浓协同磨浆技术，设备和自动化控制系统全部实现国产化。

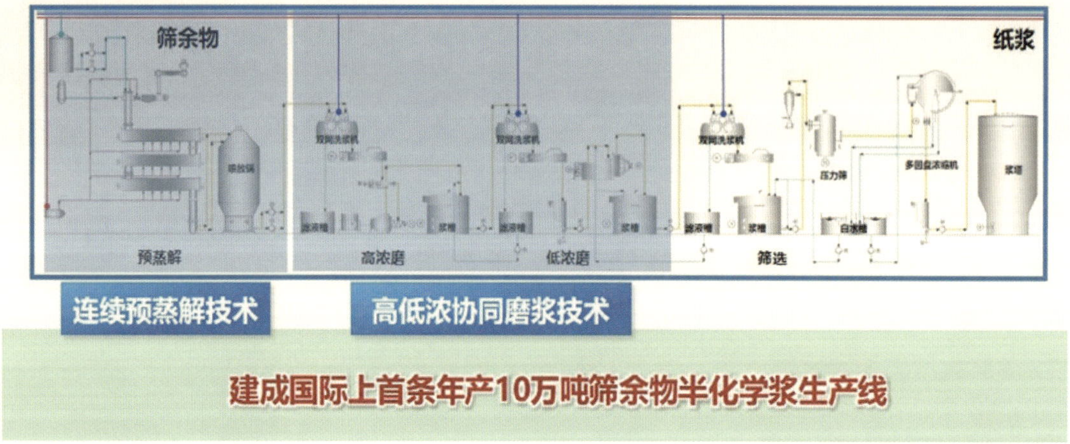

注：答辩现场PPT截图。

技术应用效果

该科技创新技术先是应用于山东太阳纸业股份有限公司化机浆示范生产线，在公司掌握了工程化技术难点后，建设了年产10万吨备料筛余物化机浆生产线。通过制浆废液循环利用，实现过程清洁生产。经专家鉴定，其纸浆质量可替代进口或国产废纸浆，成本减少1000元/吨浆，制浆过程COD降低50%，为制浆造纸过程原料资源综合利用开辟了一条新途径。

（第七部分第四节内容由陈克复汇编）

末端废水深度处理技术应用

本项目研发的末端废水深度处理技术已经在国内大型制浆造纸企业建立示范工程，并逐步在行业内推广应用，取得了明显的经济效益和社会效益（图7-35至图7-38）。

图7-35　太阳纸业八万方造纸废水处理系统全景图

图7-36　华泰纸业六万方造纸废水深度处理现场

图7-37　华泰纸业六万方造纸废水处理污泥干化处理现场

图7-38　华泰纸业六万方造纸废水厌氧处理现场

▶技术应用效果

该科技创新技术应用于山东华泰纸业股份有限公司60 000 m³/d水处理工程及山东太阳纸业股份有限公司80 000 m³/d水处理工程，实现超低排放的同时水处理成本下降10%。这一技术也已推广应用于山东太阳宏河纸业股份有限公司60 000 m³/d的水处理工程中。

①在国家发展改革委等三部委颁布的《制浆造纸行业清洁生产评价指标体系（2015）》中，清洁生产等级I级为国际清洁生产领先水平，对照这一标准，该项目成果已满足或优于I级基准值要求，如表7-4所示。

②欧盟造纸行业水污染物排放标准是国际上最严的标准之一，该项目成果已达到或优于这一标准，如表7-5所示。

表7-4　项目成果清洁生产水平与清洁生产I级基准值的比较

产品名称	示范工程	污染物产生量	I级基准值	项目成果	对比
化学机械浆（CTMP浆）	太阳纸业	废水量 /（m³/t）	10	5.76（送碱回收）	优于
		COD /（kg/t）	90~110	送碱回收	优于
化学浆（漂白硫酸盐木浆）	太阳纸业	废水量 /（m³/t）	28	18~20	优于
		COD /（kg/t）	30	25~30	达到
废纸脱墨浆及造纸（用废纸的新闻纸/印刷纸等）*	华泰纸业	水循环利用率	90%+90%	99%+92%	优于
		废水量 /（m³/t）	12~16	9.19	优于
		COD /（kg/t）	32~33	20~25	优于

*包括废纸脱墨制浆及新闻纸或印刷纸造纸过程，COD和废水量为两个过程的合计数。

表7-5　项目成果污染物排放量与欧盟现行标准的比较

产品名称	示范工程	污染物排放限值	欧盟标准	项目成果*	对比
化学机械浆（CTMP浆）	太阳纸业	废水量 /（m³/t）	15~20	5.76（送碱回收）	优于
		COD /（kg/t）	10~20	送碱回收	优于
化学浆（漂白硫酸盐木浆）	太阳纸业	废水量 /（m³/t）	30~50	18~20	优于
		COD /（kg/t）	8~23	0.97~1.08	优于
废纸脱墨浆及造纸（用废纸的新闻纸/印刷纸等）	华泰纸业	废水量 /（m³/t）	8~15	9.19	达到
		COD /（kg/t）	2~4	0.27~0.33	优于

*COD排放量=废水量×末端水处理后的COD排放浓度。

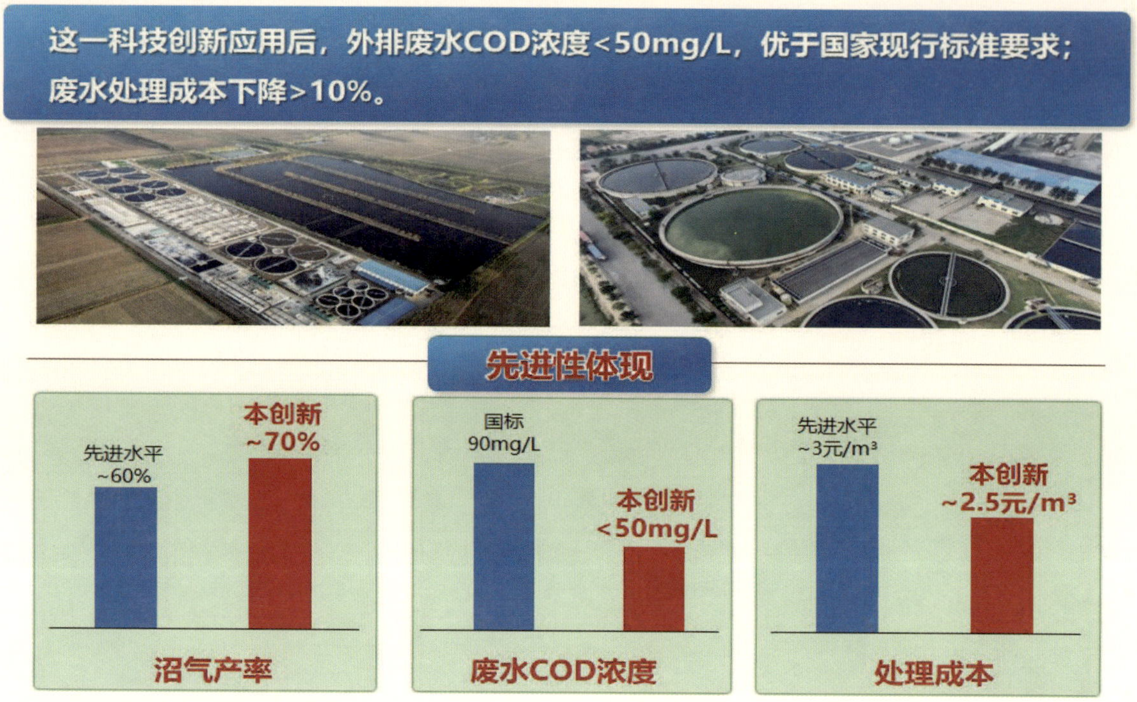

注：答辩现场PPT截图。

（第七部分第五节内容由冯郁成汇编）

8

第八部分

创新技术的推广方法

通过制浆造纸行业清洁生产和水污染全过程控制，可以让行业走上绿色制造的正确轨道。为了让国家科技进步奖一等奖的科技成果能在全行业全面推广，科技创新团队在下列几个方面进行了努力。

▶ 宣传国家环保部发布的《制浆造纸工业污染防治可行技术指南》的相关技术

《制浆造纸工业污染防治可行技术指南》（以下简称《技术指南》）以制浆造纸工业废水治理为重点，兼顾废气、固体废物及噪声等污染物治理，对制浆造纸工艺过程的污染预防技术及污染物末端治理技术进行了系统的梳理和认定。《技术指南》的发布，对掌握与控制制浆造纸污染物的排放状况及了解预防与治理技术发展现状具有重要的意义。

此外，在《技术指南》的污染预防技术、污染治理技术和污染防治可行技术中，还列进了国家科技进步奖一等奖相关科技成果。科技创新团队在宣传《技术指南》的同时，也宣传了国家科技进步奖一等奖的科技成果，对实现制浆造纸工业水污染控制具有重大作用。

▶ 欢迎制浆造纸行业相关人员参观考察科技成果示范工程

山东太阳纸业与山东华泰纸业的领导都表示示范工程不是保密工程，为了行业能早日实现绿色制造、摆脱水污染的问题，欢迎行业内的科技人员参观考察示范工程。这对其他企业要实施国家科技进步一等奖的科技成果具有促进作用。

VOITH

VOITH

保持经济增长 转方式 调结构 推动创新驱动发展
认真开展“两
VOITH

通过技术论坛及学术会议宣讲科技成果

科技创新团队成员经常利用技术论坛及学术会议，宣讲本科技成果。会后还解答了实施时的有关问题。

建设技术转移平台

（1）平台的功能及用途

该技术转移平台的主要功能：解决目前制浆造纸过程中水污染防治技术及清洁生产技术应用过程中的原材料消耗、工艺装备、自动化控制、仪器仪表、污染物排放、工程投资与运行成本、产业发展水平、技术规范、管理政策、产业联盟等的信息管理问题，为行业的水污染防治新技术的全面推广转移和行业管理水平的提升奠定基础。

技术转移平台的建设目标：根据实际业务需求开发基于网络的平台，实现技术发布、通知公告、ETV技术、技术供求、在线咨询、行业论坛等系统功能，为制浆造纸行业水污染控制技术转移提供运行稳定且实用的平台。

技术转移平台的主要服务对象：行业管理部门（政府）、市场应用企业（造纸企业、环保企业）、技术应用部门（设计院、研究院、高等院校）和环境监督群体（公众、环监部门）。该平台应为这些对象提供快速、便捷的网上服务。

技术转移平台应具备如下服务能力：信息储存功能（数据库）、辅助决策功能（技术方案优选、配套装备优选、关键工艺参数优选、工程投资估算、运行成本估算）及在线咨询功能（政策法规、技术规范、行业发展动向、专家系统链接等）。

技术转移平台存贮的信息包括：①制浆造纸过程、水污染防治过程及清洁生产过程中的各种工艺技术信息、工艺装备信息、自动化控制信息、仪器仪表信息、污染物排放信息、原材料消耗信息、工程造价信息、运行成本信息；②污染控制信息、产业发展水平信息、技术规范信息、管理政策信息、行业发展动向信息。

（2）平台的架构

技术转移平台架构：采用B/S体系结构，基于Web的三层架构，包括表现层、应用层和数据层，如图8-1所示。

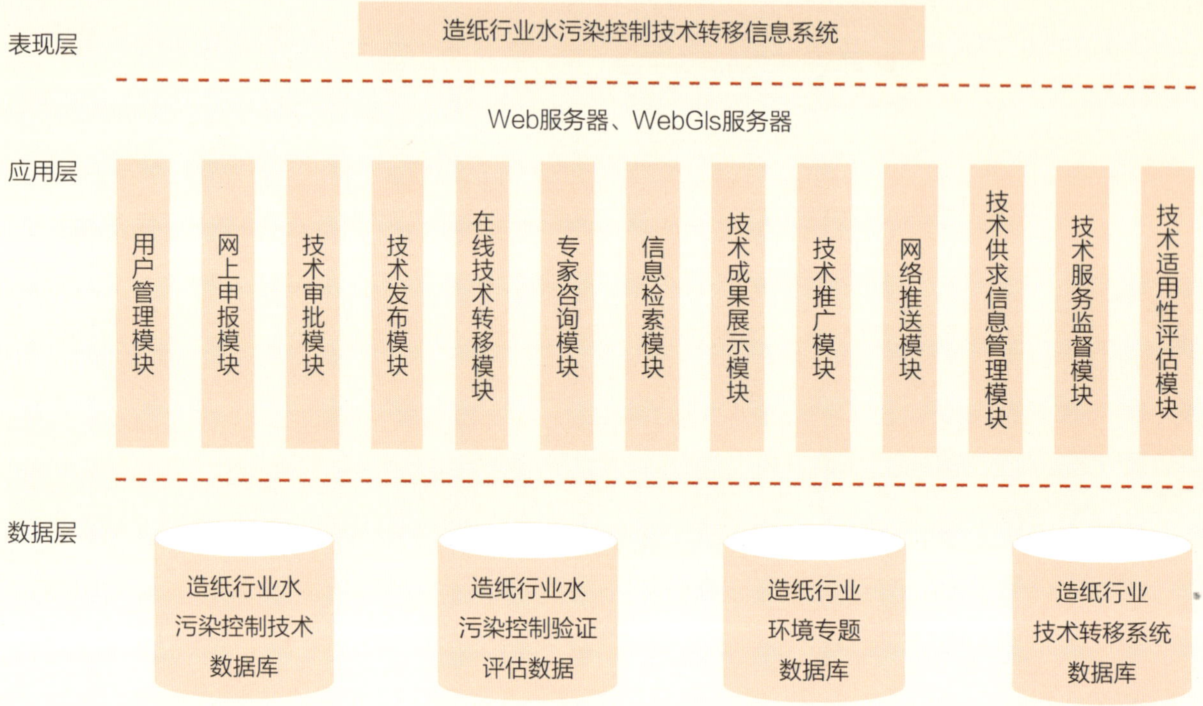

图8-1 技术转移平台架构

其中，应用层模块的主要内容包括：

- 用户管理模块开发。
- 网上申报模块开发。
- 技术审批模块开发。
- 技术发布模块开发。包括化学浆、化机浆、废纸和造纸浆、造纸废水水处理等技术发布模块。
- 在线技术转移模块开发。主要包括技术成果展示功能、技术供求信息管理功能和线上交易功能。线上交易功能主要包括网上洽谈、网上下单、网上结算和网上合同签订等功能。
- 专家咨询模块开发。建立水污染防治技术专家库，包括全国各研究机构、大学和企业等领域知名专家，研发水污染防治问题在线专家咨询系统，实现企业、工业园区和流域等水污染防治技术咨询。
- 信息检索模块开发。基于水污染防治技术数据库建设成果，补充国内水污染防治相关政策法规、仪器设备及技术使用案例等数据库，研发面向不同类型的用户的水污染防治技术信息检索模块。
- 技术成果展示模块开发。主要实现水污染防治技术成果展示。

- 技术推广模块开发。基于水污染防治技术数据库建设成果，将“十一五”及“十二五”经验证评估的水污染防治技术基本信息及治理效果，根据用户类型通过网络进行分级推广。
- 网络推送模块开发。
- 技术供求信息管理模块开发。
- 技术服务监督模块开发。
- 技术适用性评估模块开发。

（3）技术转移平台研发和设计的技术路线

通过对国内外技术转移平台相关资料及文献进行搜集，对技术转移平台的相关标准规范和行业水污染防治技术管理现状进行调研分析后，形成转移平台的需求，然后对需求进行用户分析、数据分析、功能需求分析、安全需求分析，实现转移平台的设计及研发。研发的内容包括：数据库的概要设计、逻辑设计、物理设计以及建库，系统的概要设计、功能设计、详细设计以及开发与测试。平台建立以后，对系统进行测试、部署和维护。

（4）平台的界面

技术转移平台的界面如图8-2所示。

图8-2　技术转移平台的界面

（5）平台的布置

技术转移平台的布置图如图8-3所示，其中的技术查询终端如图8-4所示，机柜、配电柜和UPS柜如图8-5所示。

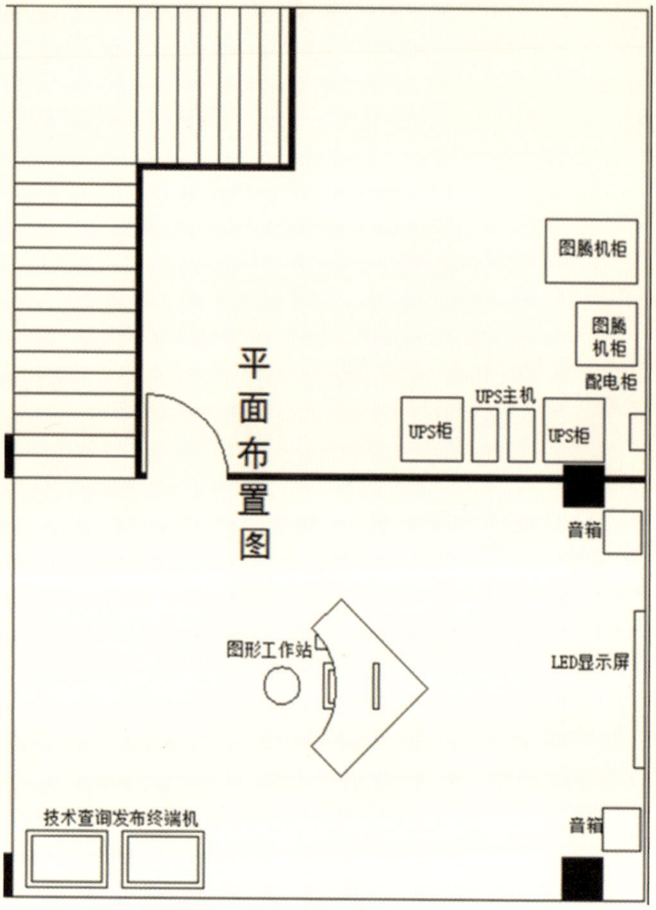

图8-3　技术转移平台的平面布置图

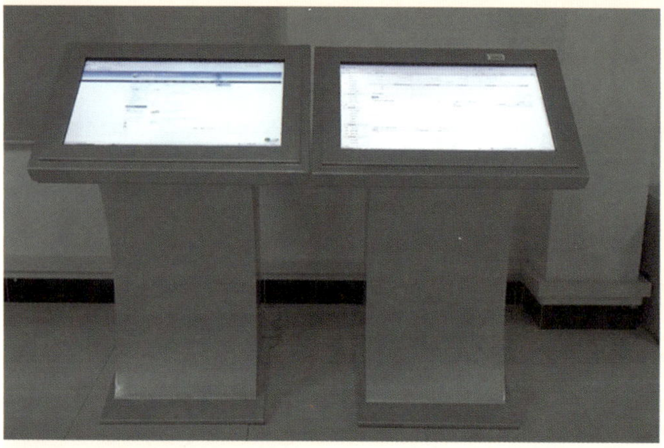

图8-4　技术查询终端

图8-5　机柜、配电柜和UPS柜

（第八部分内容由曾劲松汇编）

9

第九部分

完成单位及主要完成人简介

完成单位简介

华南理工大学

华南理工大学于1960年成为全国重点大学；1981年经国务院批准为首批博士和硕士学位授予单位；1993年在全国高校首开部省共建之先河；1995年进入“211工程”行列；2001年进入“985工程”行列；2017年入选“双一流”建设A类高校名单。建校以来，学校为国家培养了高等教育各类学生51万多人，一大批毕业校友成为中国科技骨干、著名企业家和领导干部。学校被誉为工程师和企业家的摇篮，毕业生就业率多年来位居全国高校和广东省高校前列。2017年，入选国家“双创”示范基地。学校以雄厚的原始科研创新能力推动一流大学建设，建有27个国家级科研平台、185个部省级科研平台，数量位居全国高校前列、广东高校首位。

华南理工大学轻工技术与工程学科是全国排名A+的国家重点学科，也是首批进入国家“211工程”及“985工程”建设行列的国家一级学科重点学科，拥有制浆造纸工程国家重点实验室、制浆造纸工程学科创新引智基地等高水平研发平台。长期以来，一直致力于制浆造纸清洁生产理论与技术、水循环与节水理论及技术、生物质资源高效高质化利用理论与技术等方面的基础研究和成果转化，为该项目的研发提供了坚实的基础。

山东太阳纸业股份有限公司

山东太阳纸业股份有限公司（以下简称“公司”）创立于1982年，是国家高新技术企业、国家“绿色工厂”、中国造纸行业领军企业、世界制浆造纸前20强、中国企业500强，2006年在深交所成功上市。公司年浆纸产能838万吨，销售收入突破500亿元，员工一万四千余人。2019年荣获国家科技进步奖一等奖。

公司现拥有全球最先进的制浆造纸生产线，产品逐渐形成了以高档涂布包装纸板、高级美术铜版纸、高级文化办公用纸、特种纤维溶解浆、生活用纸、高档工业包装用纸等为主导的六大系列产品结构。拥有金太阳、华夏太阳、天阳、威尔、幸福阳光等主要品牌。拥有国家级技术中心、院士工作站、博士后科研工作站、泰山学者岗等多个创新研发平台。“制浆造纸清洁生产与水污染全过程控制关键技术及产业化”项目荣获2019年国家科技进步奖一等奖。公司在全球首创溶解浆连续蒸煮技术；从水解液中提取出木糖、木糖醇，填补了世界在这一领域的空白；研发出世界上第一张不添加任何化学药品的“无添加”系列生活用纸。“华夏太阳”品牌轻型纸被选为中共十九大会议的文件专用纸；幸福阳光生活用纸被“复兴号”高铁确定为专用纸巾；“金太阳”品牌绿色环保美术纯质纸被《习近平谈治国理政》《习近平的七年知青岁月》《习近平在正定》《梁家河》等书籍采用；水解液木糖研发被列入国家“十三五”科技支撑计划。

作为行业巨擘，公司始终恪守“承载万家信任，书写幸福太阳”的企业使命，胸怀“以天下为己任”的强烈社会责任感，肩负起员工、客户、社会与股东的充分信任，持续创造价值、提升价值。在环保治理方面，公

司始终坚持把环保作为一项“生命工程”来抓，累计投入72亿元用于环保治理，使水治理达到国际领先水平，大气全部实现超低排放，固废基本实现资源化再利用，碱回收白泥资源化利用项目被列入中美绿色合作伙伴计划，取得了经济效益、环境效益和社会效益的同步提升。

面向未来，太阳纸业正在进行新一轮的快速发展，公司将继续坚守“信于心，创于行”的核心价值观，全力提升管理水平，持续加快新旧动能转换，不断推动公司持续高质量发展，努力把太阳纸业打造成可持续发展、受人尊重的全球卓越企业!

华泰集团全心奉献
优质产品优质服务
华泰集团
HUATAI GROUP
251

山东华泰纸业股份有限公司

山东华泰纸业股份有限公司（以下简称“公司”）成立于1993年，2000年9月28日在上海证券交易所上市，是中国企业500强、上市公司百强。公司年造纸能力300多万吨，化工及造纸助剂年产能200多万吨，主要产品有高档新闻纸、高档铜版纸、双胶纸、轻胶纸、新型教材纸、超级压光纸、静电复印纸、生活用纸等100多个规格纸种，产品远销印度、东南亚等60多个国家和地区。

公司是以造纸、化工为主导业务，集印刷、热电、物流、林业、环保、商贸等十大产业业务于一体的大型企业集团，是全球最大的新闻纸生产基地和全国最大的盐化工生产基地，先后获得国家重点高新技术企业、国家技术创新示范企业、山东省节能突出贡献企业、全国守合同重信用企业、改革开放30年山东省功勋企业等荣誉。“华泰”商标为造纸行业首个“中国驰名商标”。

公司高度重视技术创新工作，建设有国家认定企业技术中心、造纸行业首家博士后科研工作站、山东省废纸综合利用工程技术中心、山东省造纸废弃物综合利用重点实验室、山东省院士工作站等科研平台。先后承担省部级科技计划项目30多项，其中国家重点研发计划1项、国家科技支撑计划5项、国家水体污染控制重大专项2项、山东省重大科技专项3项。获2019年度国家科技进步一等奖，同时获国家科技奖励二等奖5项。获授权专利107项，其中发明专利21项。制定国家（行业）标准20项，其中主持制定5项。

齐鲁工业大学

齐鲁工业大学（山东省科学院）是山东省重点建设的应用研究型大学，同时也是山东省最大的综合性自然科学研究机构。学校（科学院）于2017年5月由齐鲁工业大学和山东省科学院整合组建而成，是山东省首批应用型人才培养特色名校、山东省高校协同创新中心首批立项建设单位。根据山东省委省政府规划，齐鲁工业大学（山东省科学院）的中长期发展目标是建设国内一流、国际有影响的应用研究型大学，部分优势学科进入国内一流、世界先进学科行列。

在本项目中，齐鲁工业大学通过联合华南理工大学、山东太阳纸业股份有限公司、山东华泰纸业股份有限公司等单位，建设了山东省高校协同创新研究中心，并聘请陈克复院士为兼职教授，建立科研团队并开展了包括制浆造纸清洁生产、林木废弃物的清洁制浆技术等清洁生产及水污染控制技术的研发，相关成果在山东省造纸行业得到产业化推广应用，推动了学校国家级平台的建设和发展。

齊魯工業大學

主要完成人简介

陈克复

本项目总负责人，是技术研发的组织者和决策者，技术推广应用的指导者，对本项目五大科技创新点的实现均做出重大贡献，主要贡献包括提出造纸行业以清洁生产及水污染全过程控制为核心的资源与环境协调发展策略、指导各工艺流程清洁生产技术的研究，为7件发明专利的发明人。

应广东

本项目第二负责人，是清洁生产及水污染控制技术在山东太阳纸业股份有限公司及其下属公司应用实施的总协调人，对科技创新点一、二、四、五和项目成果产业化做出重大贡献，牵头组织化机浆清洁生产、化学浆清洁制浆漂白、备料筛余物资源化利用等技术的具体实施，为4件发明专利的发明人。

徐　峻

本项目工艺技术研发负责人，对五大科技创新点均做出重要贡献，负责化机浆废水碱回收预处理技术、化学浆蒸煮置换脱木素技术、废水脱墨技术、备料筛余物碱法预处理技术、废水处理污泥减量化技术的研发，为6件发明专利的发明人。

张凤山

本项目主要完成人，是废纸制浆造纸清洁生产及水污染控制技术在山东华泰纸业股份有限公司应用实施的负责人，对科技创新点三、五和项目成果产业化做出了重要贡献，牵头组织废纸高浓碎浆、近中性脱墨等技术的具体实施，保证了应用项目长期稳定高效运行。

李　军

本项目工艺流程设计及关键装备研发负责人，对科技创新点一、二、四均做出重要贡献，负责化机浆水循环物料平衡计算、化学浆制浆漂白关键装备和备料筛余物清洁制浆工艺流程的设计，为7件发明专利的发明人。

曹衍军

本项目主要完成人，负责化机浆废水碱回收技术、化学浆制浆过程水污染控制技术、废纸制浆废水封闭循环等技术的产业化实施，对科技创新点一、二、三做出了重要贡献，保证了应用项目长期稳定高效运行，为2件发明专利的发明人。

乔 军

本项目主要完成人，负责化机浆及备料筛余物高低浓协同磨浆技术、末端废水低成本深度处理技术与污泥干化技术的产业化实施，对科技创新点一、四、五和项目成果推广应用做出了重要贡献，为4件发明专利的发明人。

李晓亮

本项目主要完成人，是清洁生产及水污染控制技术在山东华泰纸业股份有限公司及其下属公司应用实施的总协调人，对科技创新点三、五和项目成果推广应用做出了重要贡献，解决项目管理及技术实施中的衔接问题。

莫立焕

本项目主要完成人，主要负责废水高级氧化处理技术工艺研究，对科技创新点五做出了重要贡献，为5件发明专利的发明人。

安庆臣

本项目主要完成人，主要负责化机浆MVR蒸发器改造、筛余物制浆过程废水资源化利用技术的产业化实施，对科技创新点一、四做出了重要贡献，为3件发明专利的发明人。

冯郁成

在本项目中主要负责造纸白水三回路封闭循环回用技术的研发，参与项目成果产业化应用，对科技创新点三做出了贡献，为2件发明专利的发明人。

曾劲松

在本项目中主要负责纸浆悬浮液流体特性的研究，参与项目成果推广应用，对科技创新点一做出了贡献，为1件发明专利的发明人。

周景蓬

在本项目中主要负责近中性脱墨剂的研发与工艺优化、低成本深度处理工艺优化，对科技创新点三、五做出了贡献。

张　伟

在本项目中主要负责备料筛余物化学组成及超微结构的研究，参与产业化应用，对科技创新点四做出了贡献，为1件发明专利的发明人。

韩文佳

在本项目中主要负责备料筛余物预处理工艺的研究及产业化应用，对科技创新点四做出了贡献，为1件发明专利的发明人。

10

第十部分

致谢

在研发与推广"制浆造纸清洁生产与水污染全过程控制关键技术及产业化"项目所有技术的过程中，以及在申报国家科技奖的过程中，得到下列政府主管部门及有关组织单位的支持，特此致谢！

国家科学技术部

国家生态环境部

国家工业和信息化部

国家科学技术奖励工作办公室

教育部科学技术司科学技术奖励办公室

中国轻工业联合会

中国造纸学会

中国造纸协会

中国制浆造纸研究院有限公司

广东省科学技术协会

广东省科技厅

山东省科技厅

山东省济宁市人民政府

山东省造纸工业研究设计院

轻工业环境保护研究所

中国科学院过程工程研究所